Mittheilungen
aus den
Königlichen technischen Versuchsanstalten
zu Berlin.
Herausgegeben im Auftrage der Königlichen Aufsichts-Kommission.

Ergänzungsheft I. 1900.

Bericht

über das

Verhalten hydraulischer Bindemittel im Seewasser

nach Versuchen der Königlichen technischen Versuchsanstalten zu Berlin
im Auftrage der von dem Königlichen Ministerium der öffentlichen
Arbeiten zu Berlin berufenen Kommission,

erstattet von

M. Gary,

Vorsteher der Abtheilung für Baumaterialprüfung.

Mit in den Text gedruckten Abbildungen und 3 farbigen Tafeln.

Springer-Verlag Berlin Heidelberg GmbH

ISBN 978-3-662-01957-3   ISBN 978-3-662-02253-5 (eBook)
DOI 10.1007/978-3-662-02253-5

Softcover reprint of the hardcover 1st edition 1900

I. Veranlassung zu den Versuchen.

Die Veranlassung zu den Versuchen lag in zwei Eingaben, welche von dem Cementtechniker Dr. Wilh. Michaelis in Berlin und von den rheinischen Traßproducenten im Jahre 1896 an das Königl. preußische Ministerium der öffentlichen Arbeiten gerichtet wurden.

Dr. Michaelis behauptete in einer zunächst als Flugblatt ausgegebenen Druckschrift: „Das Verhalten der hydraulischen Bindemittel zum Meerwasser," welche später mit einer Entgegnung des Vereins deutscher Portland-Cement-Fabrikanten in den „Verhandlungen des Vereins zur Beförderung des Gewerbefleißes" Jahrg. 1896 S. 157 u. ff. abgedruckt wurde, auf Grund von Versuchen und hypothetischen Erwägungen die Verbesserungsfähigkeit des Portland-Cementes durch Zusätze von „Puzzolanen" insbesondere von Traß für Bauten im Meere.

Auf den Inhalt dieser Veröffentlichungen darf verwiesen werden. Es sei nur als wesentlich aus ihnen hervorgehoben, daß nach Michaelis Anschauungen und Versuchen — abgesehen von der physikalischen Beschaffenheit — „die kalkreichsten hydraulischen Bindemittel die im Meerwasser am wenigsten widerstandsfähigen sind," und „daß der freie resp. frei werdende Kalk die vornehmste Ursache der Zerstörung durch das Meerwasser ist."

Deshalb meint Michaelis, daß, wenn man diesem sich ausscheidenden Kalke Puzzolane darbietet, d. h. Substanzen, welche mit Kalkhydrat Cement bilden, die Menge des wirklichen „Cementes" im Mörtel erhöht werden kann, solcherart, daß gar kein Aetzkalk mehr in Krystallen abgelagert werden kann.

Dieser Auffassung steht der Verein deutscher Portland-Cement-Fabrikanten gegenüber, welcher schon im Jahre 1882 in einer Eingabe an den preußischen Minister der öffentlichen Arbeiten hervorhob: „normale Cemente bedürfen eines sogenannten bessernden Zusatzes nicht," und diese Auffassung auch seither aufrecht erhalten hat. Versuche, welche von dem Verein unter Beihülfe des preußischen Ministeriums der öffentlichen Arbeiten seit dem Jahre 1894 mit Cementmörteln und Kalktraßmörteln im Meere (bei Westerland a. Sylt) ausgeführt worden sind, schienen die Ueberlegenheit des Portland-Cementes gegenüber anderen Bindemitteln, insbesondere auch den Traßkalkmörteln zu erweisen. Diese Versuche auf Sylt erstreckten sich indessen nicht auf Zusatz von Traß zu Cement. Dem Verein lagen damals über Traßzusatz zu Cement im Seewasser nur Festigkeitszahlen von vier Wochen alten Proben mit Nordseewasser im Laboratorium vor, die keine Verbesserung zeigten. Gegenüber der von Dr. Michaelis behaupteten starken Verbesserung des Cementmörtels durch Traßzusatz in künstlichem Seewasser schon nach vier Wochen, war der Vorstand des Vereins der Ansicht, daß über die Wirkung von Traßzusatz zum Cement im Seewasser nur auf längere Zeit ausgedehnte Versuche im Meere selbst Aufschluß geben könnten.

Darauf beantragte Herr Dr. Michaelis behufs Prüfung der von ihm gemachten Vorschläge, betreffend die Verbesserung des Cementmörtels in seinem Verhalten im Seewasser, amtliche Versuche anstellen zu lassen und stellte für diese Versuche selbst einen namhaften Geldbetrag zur Verfügung.

Fast gleichzeitig legten die rheinischen Traßgrubenbesitzer (Vergl. Protokolle der Verhandlungen des Vereins deutscher Portland-Cement-Fabrikanten 1893 S. 20. 1894 S. 28. 1895 S. 102. 1896 S. 84. 1897 S. 58 und Anh. II. 1898 S. 41. 1899 S. 45) in der bereits Eingangs erwähnten Eingabe gegen die Versuche des Vereins deutscher Portland-Cement-Fabrikanten Verwahrung ein. Sie hoben hervor, daß die Leiter der Versuche mit der Eigenart des Trasses und seiner Verwendung im Mörtel nicht genügend vertraut waren und daß diesem Umstande die in Westerland erzielten Mißerfolge der Traßkalkmörtel zuzuschreiben seien.

> "Portland-Cement stellt ein fertiges Gemisch dar, das nach Zusatz von Wasser ohne jede sonstige Beimischung erhärten kann; dagegen ist Traß ein Material, das für sich allein gar nicht erhärtet, sondern seine Erhärtungsfähigkeit erst durch seine Verbindung mit Kalk (Aetzkalk) erhält. Es ist daher naturgemäß, daß, wenn man bei einem Vergleiche beider Mörtel zutreffende Ergebnisse erhalten will, dem fertigen Gemisch "Portland-Cement" auch ein fertiges Gemisch "Traß-Kalk" gegenüber gestellt werden muß, und erst diesem fertigen Gemischen der Sand zuzusetzen ist, ganz abgesehen von der Beachtung sonstiger technischer Manipulationen bei der Anfertigung der Probekörper, ausreichender Berücksichtigung der Temperatur u. s. w."

Nach Ansicht der Traßproduzenten mußten die von Seiten des Vereins deutscher Portland-Cement-Fabrikanten und des Ministeriums der öffentlichen Arbeiten in Sylt angestellten Versuche bezüglich des Traßmörtels nothwendiger Weise unrichtige Resultate ergeben. Jahrhundertelange Erfahrung spräche für die Verwendbarkeit des Traßkalkmörtels im Seewasser. Die Einwendungen der Vertreter der Traßindustrie gegen die Versuchsausführung des Cement-Fabrikanten-Vereins fanden in der Generalversammlung des Vereins deutscher Portland-Cement-Fabrikanten ausführliche Entgegnung, (Vergl. Protokoll der Verhandlungen des Vereins deutscher Portland-Cement-Fabrikanten 1897 Seite 68 u. f.), welche aber nach der Meinung der Traßindustriellen auf unrichtigen Voraussetzungen beruht und nicht als Widerlegung angesehen wird.

Unter Hinweis auf die Versuche von Dr. Michaelis und auf eigene Versuche beantragten die Vertreter der Traßindustrie, ihnen eine geeignete Stelle zu bezeichnen, welcher sie ihre technischen Einwendungen und Vorschläge bezüglich der Traßmörtelproben vortragen dürften, und erklärten sich gleichzeitig bereit, zu den Kosten noch auszuführender Versuche über das Verhalten der hydraulischen Bindemittel im Seewasser im Verhältniß zur Bedeutung ihrer Industrie beizutragen.

II. Vorverhandlungen.

Die Aeußerungen der interessirten Parteien wurden der Königlichen mechanisch-technischen Versuchsanstalt unterbreitet. Die Anstalt befürwortete bei dem Herrn Minister der öffentlichen Arbeiten die sorgfältige Nachprüfung der von Dr. Michaelis aufgestellten Thesen. Sie hielt das Eingehen auf die Sache um so mehr für angezeigt, als — falls die von Michaelis gefundene Verbesserung der Portland Cemente durch Zusatz von Puzzolanen wirklich stattfindet — einerseits die Industrie und das Bauwesen sehr erhebliche Vortheile hieraus ziehen könnte, andererseits im Interesse des bauenden Publikums Sorge getragen werden müßte, daß die Art und die Menge der Zumischmittel sich in gebotenen Grenzen hält und Fälschungen verhindert werden.

Schriftliche und mündliche Verhandlungen mit den Traßproducenten veranlaßten die Versuchsanstalt ferner zu dem Vorschlage, beide Fragen mit einander zu vereinen und eine Kommission bestehend aus Vertretern der königlichen Baubehörden, der Portland-Cement-Industrie, der Traßindustrie, der Versuchsanstalten und Herrn Dr. Michaelis mit der Berathung der Vorschläge und der Aufstellung von Arbeitsplänen zu betrauen.

Mit Erlaß vom 8. Januar 1897 hat der Herr Minister der öffentlichen Arbeiten diesem Vorschlage stattgegeben und eine besondere Kommission berufen, der angehörten:

1. Als Vertreter des königlichen Ministeriums der öffentlichen Arbeiten:
   Herr Geh. Ober-Baurath Lange
   „ Geh. Baurath Fülscher
   „ Reg.- und Baurath Eger
   „ Regierungsbaumeister Kratz.
2. Als Vertreter der Versuchsanstalten:
   Herr Geh. Bergrath Prof. Dr. Finkener
   „ Professor Martens
   „ Ingenieur und Abtheilungsvorsteher Gary.
3. Herr Dr. W. Michaelis.
4. Zwei vom Vorstande des Vereins deutscher Portland-Cement-Fabrikanten zu bezeichnende Vertreter desselben
   (Herr Geh. Kommerzienrath Dr. Delbrück und Herr Rud. Dyckerhoff, in Vertretung Herr Dr. Goslich).
5. Ein Vertreter der Besitzer von Traßgruben
   (Herr Kommerzienrath G. Herfeldt, in Vertretung Herr P. Wagner).

Der Kommission, welche am 1. Februar 1897 im Ministerium der öffentlichen Arbeiten zum ersten Male zusammentrat, lagen folgende Fragen zur Beantwortung vor:

1. Sind die bisher stattgehabten Versuche über das Verhalten der hydraulischen Bindemittel im Seewasser, deren Ergebnisse vorgelegt werden, als ausreichend anzusehen, oder erscheint eine weitere Ausdehnung dieser Versuche zur Klarstellung der Frage erforderlich?

   Im Falle der Bejahung letzterer Frage:
2. Wo sind die Versuche auszuführen?
3. Welche Einrichtungen sind dazu erforderlich?
4. Wem ist die Leitung und Beaufsichtigung der Versuche zu übertragen?
5. Wem die Ausführung?
6. Welche Kosten werden erforderlich sein und wie sind dieselben aufzubringen?

Die Königl. mech.-techn. Versuchsanstalt konnte gemeinsam mit den der Kommission angehörenden Baubeamten die Vorlagen für die Berathungen vorbereiten. Sie hielt es für besonders wichtig, neben den Laboratoriumsproben Versuche mit großen Betonblöcken im Meere auszuführen, wie dies auch in Frankreich schon geschehen war, da sich bei den vom Cement-Fabrikanten-Verein ausgeführten Versuchen bereits gezeigt hatte, daß die kleinen Laboratoriumskörper theilweise bei heftigem Seegange und in Folge der schleifenden Wirkung des Seesandes in der Brandung litten und stark verschliffen. Diese Gesichtspunkte waren bei Aufstellung der nachstehend wiedergegebenen „Grundsätze", welche der Kommission vorgelegt wurden, in erster Linie entscheidend.

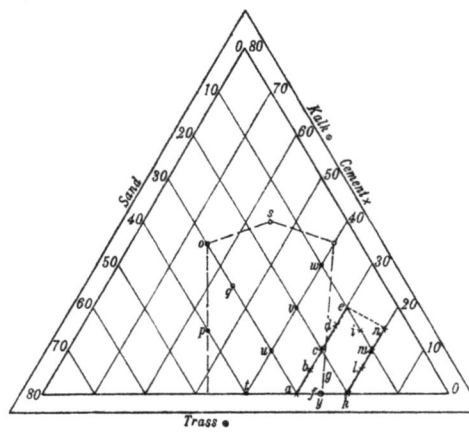

Fig. 1.

Um aus dem Verhalten der einzelnen Mörtel nach Möglichkeit die Gesetze ihrer Widerstandsfähigkeit gegen Seewasser ableiten zu können, war die Wahl der Mischungen so gedacht, wie aus Fig. 1 ersichtlich ist.

Grundsätze[1]) für die Ausführung neuer Versuche mit hydraulischen Bindemitteln im Seewasser.

Mit allen zu verwendenden Bindemitteln und Zuschlagsmaterialien (Sand, Kies, Steinschlag ꝛc.) sind die zu ihrer Kennzeichnung erforderlichen Versuche auszuführen.

Zur Festlegung der anzuwendenden Einschlageverfahren sind besondere Vorversuche mit denselben Bindemitteln ꝛc. auszuführen.

1. Versuche im Meer (Beton).

A. Große Betonquadern in der zu den Buhnenbauten benutzten Größe und Form sind in der üblichen Weise herzustellen und nach 1 Jahr Erhärtung an der Luft in eine Buhne einzubauen. Es werde verwendet:
  a) Cementmörtel in 3 Mischungen,
  b) Kalktraßmörtel in 12 Mischungen,
  c) Cementtraßmörtel in 6 Mischungen.

Verhalten zu beobachten von Jahr zu Jahr.

B. Aus denselben Mischungen wie oben werden angefertigt:

Je 5 Zugproben mit 400 qcm Zerreißungsquerschnitt
Je 5 Druckproben mit 1600 qcm gedrückter Fläche

  1. Reihe: Einige Tage alt in eine nur während der Ebbe trocken liegende Grube am Strande zu packen.
  2. Reihe: Nach ein Jahr Erhärtung an der Luft dem Wellenschlag an einem Buhnenkopf auszusetzen.
  3. Reihe: Nach Entformung in Süßwasser aufzubewahren.

Zur Prüfung auf Zug- und Druckfestigkeit nach 5 Jahren Erhärtung.

---
[1]) Die Aufstellung eines genauen Arbeitsplanes war unmöglich, so lange nicht Zahl und Art der zu verwendenden Bindemittel und Zuschläge bekannt war.

Fragen: Welche Cemente (auch Puzzolan-Roman-Cement) verwenden?
Wie viele Cemente verwenden?
Welche Kalke, wie viel Kalke verwenden?
Welche Zuschläge an Stelle von Traß?
Welchen Sand, welchen Kies oder Steinschlag?
Beide oder welches von beiden?
Sind die Körper auch in anderen Altersklassen zu prüfen?

2. Versuche im Laboratorium (Mörtel).

C. Normalproben für Zug- und Druckfestigkeit nach 1, 3, 12, 36, 72 Monaten in Seewasser erhärtet.

    a) Cementmörtel und Cementtraßmörtel.
      1. Reihe: (Fette Mörtel.)
          5 Mischungen für Zug und Druck in 5 Altersklassen.
      2. Reihe: (Mittlere Gebrauchsmörtel.)
          4 Mischungen wie oben.
      3. Reihe: (Magere Mörtel.)
          4 Mischungen wie oben.

    b) Kalttraßmörtel.
      1. Reihe: (Fette Mörtel.)
          1 Mischung Zug und Druck in 5 Altersklassen.
      2. Reihe: (Mittlere Gebrauchsmörtel.)
          5 Mischungen wie oben.
      3. Reihe: (Magere Mörtel.)
          5 Mischungen wie oben.

    Fragen: Alle diese Versuche auch in Süßwasser?
            Alle Versuche mit je einem kalkreichen und kalkarmen Cement? bezw. mit je einem fetten und mageren Kalk?
            Welche Zuschläge an Stelle von Traß?
            Welchen Sand?
            Welche Cementmarken? Welche Kalkmarken?
            Versuche in noch höherem Alter? (12 Jahre.)

D. Versuche auf Durchlässigkeit vorstehender Mörtel für Süßwasser mit 2 Atm. Druck, in 2 Altersklassen (frisch und 1 Jahr alt).
    Frage: Mit welchen und wie vielen Cementen?

E. Versuche auf Durchlässigkeit vorstehender Mörtel für Seewasser an Cylindern nach Pariser Modell in 2 Altersklassen (frisch und 1 Jahr alt).
    Frage: Versuche auf Abnutzungswiderstand?

F. Chemische und physikalische Untersuchungen.
Studium der Erhärtungsvorgänge der verwendeten Bindemittel (chemisch, physikalisch, mikroskopisch), Studium der chemischen, physikalischen und mikroskopischen Veränderungen der Mörtel durch Seewasser und durch Süßwasser.

Die Kommission war in ihrer Mehrheit der Ansicht, daß die bisher von dem Verein deutscher Portland-Cement-Fabrikanten über das Verhalten der hydraulischen Bindemittel im

Seewasser ausgeführten Versuche zwar zu Ende geführt werden müßten, aber nicht ausreichten, um die streitigen Fragen zu entscheiden.

Für den Arbeitsplan wurden die vorstehend aufgeführten Reihen — Ergänzungen und Kürzungen vorbehalten — in Aussicht genommen, unter der Voraussetzung, daß sich die Mittel aufbringen ließen.

In diesem Falle sollte die Herstellung der Proben A—C des vorstehenden Planes in Sylt, die der Proben D—F in der Versuchsanstalt zu Charlottenburg erfolgen. Zu diesem Zwecke sollte das Laboratorium in Westerland, welches bereits zu den früheren Versuchen gedient hatte, entsprechend erweitert und mit allen erforderlichen Einrichtungen versehen werden.

Die Leitung der Versuche sollte der Königl. mech.-techn. Versuchsanstalt nach Maßgabe der Beschlüsse der von Zeit zu Zeit zusammen tretenden Kommission übertragen werden, und die baulichen Arbeiten sollte ein Beamter der Königlichen Buhnenbau-Verwaltung unter Hinzuziehung eines Beamten der Versuchsanstalt leiten.

Eine besondere Unterkommission, bestehend aus den Herren Dyckerhoff, Eger, Finkener, Gary, Kratz, Martens, Michaelis und Wagner wurde mit der Aufstellung eines endgültigen Arbeitsplanes und Kostenanschlages beauftragt. Nach Kenntnißnahme dieser Vorschläge sollte über die Aufbringung der Kosten berathen werden.

Die Unterkommission trat am 27. Februar 1897 zu einer Vorbesprechung zusammen.

Mit Rücksicht auf die bedeutenden Kosten der Versuche im Großen und die bestehende Unsicherheit über die praktische Verwendbarkeit der Ergebnisse neigte die Mehrheit der Kommissionsmitglieder der Ansicht zu, zunächst eine amtliche und einwandfreie Nachprüfung der von Dr. Michaelis, Herfeldt und anderen ermittelten Ergebnisse vorzunehmen, um einen Ueberblick zu gewinnen, ob sich die aufgestellten Behauptungen bezüglich der Verbesserungsfähigkeit der Portland-Cemente durch Traß und die Haltbarkeit der Traßmörtel im Seewasser bewahrheiten. Insbesondere sollte durch die Vorversuche festgestellt werden, ob andere gleich fein gemahlene Stoffe im Portland-Cement nicht vielleicht dieselbe Wirkung (physikalisch) haben, wie Traß, oder ob und in wie weit chemische Vorgänge die Wirkung des Trasses hervorrufen.

Erst nach dem Ergebniß dieser Vorversuche sollte über ihre Fortsetzung und Erweiterung auf die kostspieligeren Versuche mit anderen Puzzolanen, sowie mit großen Betonkörpern u. s. w. Entscheidung getroffen werden. Die Vorversuche sollten aber so eingerichtet werden, daß sie bei späterer Fortsetzung und Erweiterung der Arbeiten nicht werthlos würden.

Herr Dr. Michaelis übernahm die Ausarbeitung eines Arbeitsplanes nach dieser Richtung hin, der den übrigen Kommissionsmitgliedern zur Aeußerung zuging und mit den Abänderungsvorschlägen am 7. Juli 1897 erneuten Verhandlungen der Kommission unterlag.

Unter Berücksichtigung der Beschlüsse dieser Sitzung, einiger später eingegangener Abänderungsvorschläge und nach den Ergebnissen erneuter Berathungen der Gesammtkommission am 22. November 1897 wurde der Arbeitsplan im Wesentlichen wie folgt festgestellt[1].

---

[1] Nach Vereinbarung des Arbeitsplanes übermittelte Herr Dr. Michaelis dem Herrn Minister eine soeben (26. Februar 1898) erschienene Abhandlung des Herrn René Feret, Chef du Laboratoire des Ponts et Chaussées à Boulogne sur mer, betitelt: „Etudes sur la constitution intime des Mortiers hydrauliques" mit dem Antrage, die Arbeit der Kommission zu überreichen, um die in derselben entwickelte Untersuchungs-Methode auf Wirkung von Puzzolan-Zuschlägen mit zu verwerthen. Der Herr Minister stellte anheim, dem Ausschuß mit Rücksicht auf die in der Feret'schen Abhandlung niedergelegten Erfahrungen Vorschläge für etwaige Abänderungen des Arbeitsplanes

III. Arbeitsplan.

a) Mörtelstoffe.

1. Zu verwendende Cementsorten.

Es sollen nachstehend aufgeführte, schon für die Prüfungen des Vereins deutscher Portland-Cement-Fabrikanten benutzte Fabrikate verwendet werden:

A. Portland-Cement aus Kreide der unteren Oder auf nassem Wege hergestellt, unter der Voraussetzung, daß er kalkreich und thonerdearm ist;

B.[1]) Portland-Cement aus schlesischem Kalkstein auf trockenem Wege hergestellt, unter der Voraussetzung, daß er kalkreich und thonerdereich ist;

C. Portland-Cement eines rheinischen Werkes auf trockenem Wege hergestellt, unter der Voraussetzung, daß er kalkarm und thonerdereich ist.

2. Zuschläge.

Als Zuschlagsmaterialien sollen Traß und Feinsand verwendet werden, letzterer, damit über die Frage, ob der Traßzusatz im Mörtel chemisch oder etwa nur physikalisch wirkt, Aufschluß erhalten wird[2]).

Der Traß soll aus den Gruben des Nettethales (Plaidt), der Feinsand als gemahlener Quarzsand von Hohenbocka bezogen werden[3]).

Traß und Feinsand sollen gleiche Feinheit haben. Der auf dem 900-Maschensieb verbleibende Rest ist so lange zu feinen, bis auch er durch das 900-Maschensieb geht[4]).

Bei allen Proben soll zunächst der Cement und der Zuschlag trocken innigst gemischt werden; darauf soll erst die Mischung des so hergestellten Bindemittels mit dem Sande und schließlich die Zufügung des Wassers erfolgen.

3. Sand.

Zur Herstellung der Mörtel soll Normalsand von Freienwalde benutzt werden. Für zwei Versuchsreihen mit zwei Cementen in der Mischung 1 Cement und 4 Sand für 7 Tage,

---

zu unterbreiten; indessen würde die Erörterung der Frage, in wie fern Zuschläge von Traß und Feinsand zum Portland-Cement verschiedenartig wirken, nach Inhalt des beschlossenen Arbeitsplanes eine dem Umfange der Versuche entsprechende Berücksichtigung finden. Herr Dr. Michaelis erklärte daraufhin, die in der Feret'schen Arbeit empfohlene Untersuchungsmethode selber neben den Arbeiten der Versuchsanstalt an Santorinerde erproben zu wollen.

[1]) Nachdem ein Theil der Probekörper bereits angefertigt war, ergab die chemische Analyse, daß der Cement B den gestellten Anforderungen nicht entsprach. Es wurde deshalb von derselben Fabrik ein Handels-Cement anderer Fertigung bezogen, der den Ansprüchen besser genügte und an Stelle des Cementes B unter der Bezeichnung D in die Reihen eingefügt wurde (vergl. S. 12). Die mit dem Cement B gefundenen Ergebnisse sind nachstehend ebenfalls — wenn auch nur zur Ergänzung — mitgetheilt worden.

[2]) Die gleichzeitige Verwendung von Hochofenschlacke als Zuschlagsmaterial wurde für wünschenswerth gehalten, aber für die späteren Versuche im Großen vorbehalten. Herr Dr. Michaelis wollte Versuche mit Santorinerde anstellen (vergl. Bemerkung auf S. 6—7).

[3]) Dem leitenden Beamten wurde es überlassen, die Bindemittel nach eigenem Ermessen und unter eigener Verantwortung möglichst durch Vermittelung einer größeren Bauverwaltung zu beschaffen. Herr Wagner empfahl für den Bezug des Trasses die Bauverwaltungen des Elb-Travekanals und die Städte Rostock, Köln und Bremen.

[4]) Herr Dyckerhoff wünschte die sämmtlichen aus dem Handel bezogenen Bindemittel, also auch den Traß, in der Feinheit, wie sie geliefert werden, zu den Prüfungen zu verwenden. Die Kommission wollte aber die größtmögliche chemische Wirkung des Trasses bezw. Feinsandes feststellen und entschied sich dafür, diese beiden Stoffe gleichmäßig zu feinen.

90 Tage und 1 Jahr alte Proben soll außerdem Rohsand aus der Grube der Freienwalder Chamottefabrik Henneberg & Co. verwendet werden[1]).

b) Prüfung der Mörtelstoffe.

Sämmtliche Bindemittel sind zu prüfen:
- α) auf chemische Zusammensetzung;
- β) auf specifisches Gewicht, Raumgewicht und Glühverlust;
- γ) auf Raumbeständigkeit, Abbindezeit und Wärmeerhöhung beim Abbinden;
- δ) auf Siebfeinheit.

Sämmtliche Zuschlagsmaterialien sind zu prüfen:
- α) auf chemische Zusammensetzung;
- β) auf mechanische Zusammensetzung (Beschaffenheit der Körner, abschlämmbare Bestandtheile);
- γ) auf Siebfeinheit (Korngröße);
- δ) auf Raumgewicht.

c) Mörtelmischungen[2]).

Es soll geprüft werden:

1. Jeder der drei Cemente mit Normalsand in der Mischung 1:2, 1:3 und 1:4 nach 7, 28 und 90 Tagen, nach 1 Jahr und an einem darüber hinaus liegenden noch vorbehaltenen Termin auf Zug- und Druckfestigkeit (x Jahre).
2. Zwei Cemente mit Freienwalder Rohsand in der Mischung 1:4 nach 7 Tagen, 90 Tagen und 1 Jahr.
3. Die Mischungen unter 1 bei demselben dort angegebenen Alter, doch sollen an Stelle der drei Cemente als Bindemittel die folgenden drei Mischungen von Cement und Traß treten:

    52 Gewichtstheile Cement A und 48 Gewichtstheile Traß
    55   „   „   B „ 45   „   „
    60   „   „   C „ 40   „   „

4. Die unter 3. angegebenen Mischungen bei demselben Alter, jedoch unter Ersatz des Trasses durch Feinsand in den Mörteln 1:2 und 1:4.
5. Die Mörtel 1:2 und 1:4 in zwei Altersklassen und unter Verwendung folgender Bindemittel-Mischungen:

    65 Gewichtstheile Cement A und 35 Gewichtstheile Traß
    67   „   „   B „ 33   „   „
    70   „   „   C „ 30   „   „

---

[1]) Herr Dyckerhoff hob hervor, daß der Normalsand, bei welchem die feineren Theile fehlen, poröse und dadurch für Erhärtung im Meere wenig geeignete Mörtel liefert und empfahl die Verwendung eines gemischt- körnigen Natursandes für alle Reihen. Da aber in erster Linie die chemische Wirkung des Seewassers auf die verschiedenen Mörtel beobachtet werden sollte, hielt die Kommission gerade die Verwendung weniger dichter Mörtel für erwünscht und fügte nur 2 Reihen Natursand-Mörtel zum Vergleich ein.

[2]) Die Auswahl der Mörtelmischungen erfolgte mit Rücksicht auf das Bestreben, die chemische Wirkung des Trasses auf den Cement im Mörtel festzustellen; deshalb ist der Traßzusatz dem Kalkgehalt der Cemente nach Michaelis Vorschlag angepaßt worden. Um möglichst die Grenzen der Einwirkung zu finden, sind absichtlich Mischungen mit zu hohem Traßzusatz hinzugefügt worden. Einige Reihen der Traßmischungen sind auch mit Feinsandzusatz wiederholt worden, um herauszufinden, wo etwa die chemische Wirkung aufhört und die mechanische (durch Füllung der Hohlräume) anfängt.

d) Herstellung und Aufbewahrung der Mörtelkörper.

Sämmtliche Mörtel sind nach Gewichtstheilen zu mischen (Vergl. die Anweisung unter 2. Zuschläge). Als Anmachewasser ist Süßwasser von 15 C° bis 18 C° Wärme zu verwenden. Für die Menge des Anmachewassers soll der nach 100 Schlägen beobachtete Wasseraustritt entscheidend sein. Die Mischung der Mörtel soll auf der Mischmaschine Steinbrück-Schmelzer vorgenommen werden. Die Wirkungsweise dieser Maschine ist vorher zu erproben.

Die Körper sind auf Böhmes Hammerapparat normenmäßig einzuschlagen und für jede Reihe 10 Körper zu fertigen.

Die Wärme des Erhärtungswassers im Laboratorium soll nicht unter 10 C° herabgehen.

Die Anfertigung der einzelnen Reihen ist nach Möglichkeit so vorzunehmen, daß nicht je ein Bindemittel in allen Mischungen hinter einander verarbeitet wird, sondern daß jede Mörtelmischung mit allen Bindemitteln hinter einander angefertigt wird[1].

Alle Körper kommen 24 Stunden nach der Anfertigung entweder in Süßwasser oder in Seewasser, so daß die Hälfte aller Körper in Süßwasser, die andere Hälfte in Seewasser erhärtet. Die Seewasserproben werden nach 7 Tagen Alter der Nordsee bei Sylt an einer vor dem Wogenprall geschützten Stelle ausgesetzt[2]. Vor der Prüfung sind die Raumgewichte der je 10 zu einer Reihe gehörigen Körper durch gemeinsame Wägung festzustellen.

Zum Zwecke eventl. späterer chemischer oder auch mikroskopischer Prüfung sollen alle zerrissenen Zugkörper sowohl in Süß- wie in Seewasser aufbewahrt werden.

Die Versuche überwacht der Direktor der Königl. mech.-techn. Versuchsanstalt und der Vorsteher der Abtheilung für Baumaterialprüfung. Nach ihren Angaben werden die Arbeitsräume eingerichtet, die Protokolle angelegt und die Versuchsreihen vertheilt.

Die Ausführung der Vorversuche in der Versuchsanstalt erfolgt durch das Personal der Abtheilung für Baumaterialprüfung. Die chemischen Analysen werden in der Königlichen chemisch-technischen Versuchsanstalt ausgeführt. Die Probekörper in Westerland[3] fertigt ein technischer Hilfsarbeiter der mech.-techn. Versuchsanstalt, dem die erforderlichen Gehilfen beizugeben sind.

Während der Dauer der Probenanfertigung übt in Vertretung der Versuchsanstalt und im Einvernehmen mit ihr der leitende Baubeamte in Westerland die Oberaufsicht aus. Der Schriftwechsel mit der Versuchsanstalt geht durch seine Hand.

Die Unterbringung der Probekörper im Meerwasser und ihre Entnahme von dort zur Prüfung erfolgt unter Aufsicht des leitenden Baubeamten.

Alle Probekörper bis zu 90 Tagen Alter sollen im Laboratorium in Westerland, die älteren Proben in der Versuchsanstalt geprüft werden. Bis zu 28 Tagen Alter prüft die

---

[1] Hierdurch wird vermieden, daß etwa während der Zeit der Anfertigung der Probekörper auftretende Wärmeunterschiede u. s. w. das eine Bindemittel wesentlich stärker als das andere beeinflussen.

[2] Veranlassung zu dieser Bestimmung war der Umstand, daß die Vorversuche zunächst nur die Ermittelung der chemischen Einflüsse des Seewassers bezweckten und die Erfahrung gelehrt hatte, daß die kleinen Versuchskörper namentlich in mageren Mischungen auf die Dauer dem Anprall der Wogen und der schleifenden Wirkung des Sandes nicht Stand hielten.

[3] Die Ausführung der Versuche wurde dadurch wesentlich erleichtert, daß der Herr Minister der öffentlichen Arbeiten die Mitwirkung der Königlichen Buhnen-Bauverwaltung in Westerland verfügte und der Verein deutscher Portland-Cement-Fabrikanten die Benutzung und Erweiterung des in Westerland bereits vorhandenen, an das Dienstgebäude der Buhnenbauverwaltung sich anlehnenden Laboratoriums gestattete.

Proben in Westerland der technische Hilfsarbeiter der Versuchsanstalt. Die 90 Tage alten Proben werden unter specieller Aufsicht des leitenden Baubeamten in Westerland geprüft. Die älteren Proben sind 8 Tage vor dem Prüfungstermin unter Aufsicht des Baubeamten in feuchtem Sägemehl verpackt nebst den Prüfungsprotokollen an die Versuchsanstalt einzusenden und dort zu prüfen.

Die Versuchsanstalt berichtet allmonatlich über den Stand der Arbeiten.

Etwa erforderliche Besichtigungen der Arbeiten in der Versuchsanstalt und in Westerland erfolgen durch den Ausschuß auf dessen Beschluß.

Anmerkung:

Nach Festlegung des vorstehenden Arbeitsplanes wies der Vorstand des Vereines deutscher Portland-Cement-Fabrikanten auf den Vortrag des russischen Generalmajors Professor Schouliatschenko (S. 51—59 des Protokolls der Verhandlungen 1898) hin „über das Kalkhydroxyd im erhärteten Portland-Cement-Mörtel." Dieser Vortrag giebt Aufschlüsse über das Verhalten des Portland-Cementes im Seewasser und steht in direktem Widerspruch mit den Theorien von Dr. Michaelis über die schädlichen Wirkungen des freien Kalkhydrates im Portland-Cement. Der Herr Minister warf die Frage auf, ob es angemessen und ausführbar schiene, durch chemische Prüfungen einer Reihe der auf Sylt herzustellenden Probekörper zu untersuchen, in welcher Weise sich die Entwickelung von freiem Kalkhydrat und die Aufnahme von Kohlensäure in den Mörteln vollzieht. Die Leiter der Versuchsanstalten waren indessen übereinstimmend der Ansicht, daß das Studium der Bildung von freiem Kalkhydrat im Mörtel und des Erhärtungsvorganges im Mörtel zwar von sehr hohem Interesse, zugleich aber auch mit größeren Schwierigkeiten verknüpft ist, als aus der Darstellung des Professors Schouliatschenko hervorgeht. Ob die Versuche in absehbarer Zeit zu greifbaren Resultaten führen würden, erschien zweifelhaft. Vor allen Dingen schien es nothwendig, die Verfahren zur Feststellung der Veränderungen im Bindemittel genau zu studiren und bei den Versuchen alle solche Einflüsse auf die erhärtenden Mörtel, wie sie bei den Proben im Seewasser unvermeidlich sind, zunächst auszuschließen.

Aus diesen Gründen wurde von der Verbindung dieser im wissenschaftlichen Interesse wichtigen Untersuchungen mit den geplanten Seewasserversuchen abgesehen.

IV. Kosten.

Die Kosten der Versuchsausführung nach vorstehendem Arbeitsplane wurden wie folgt berechnet und bewilligt:

1. Gebühren der Versuchsanstalt . . . . 6800 Mk.
2. Reisekosten und Tagegelder . . . . 1374 „
3. Neubeschaffung von Geräthen und Apparaten . . . 2400 Mk.
   Hiervon ab der Erlös aus den gebrauchten Apparaten 850 „
                                        1550 Mk. 1550 „
4. Arbeitslohn . . . . 300 „
5. Chemische Untersuchungen . . . . 300 „
6. Bauliche Einrichtungen zur Unterbringung und Aufbewahrung der Probekörper im Seewasser, für Verpackung und Versendung derselben. Unvorhergesehenes . . . . 1676 „
   In Folge späterer Einführung eines vierten Cementes kommen hinzu 600 „
                                                                           Summe 12600 Mk.

Von diesen Kosten bewilligte der Herr Minister die Hälfte, und je 1/6 übernahm Herr Dr. Michaelis, der Verein deutscher Portland-Cement-Fabrikanten[1]) und Herr Kommerzienrath Herfeldt Namens der vereinigten Traßgrubenbesitzer.

V. Beschaffung und Vorbereitung der Mörtelstoffe.

Portland-Cement A wurde durch einen Beamten der Versuchsanstalt in 12 Säcken einem am Kronprinzenufer in Berlin löschenden Dampfkahne einer Berliner Speditions-Firma entnommen, welcher 375 Säcke Portland-Cement aus Kreide der unteren Oder, auf nassem Wege hergestellt, geladen hatte;

Portland-Cement B wurde durch einen Beamten der Versuchsanstalt in 4 Fässern vom Lager eines Berliner Händlers aus einem Vorrath von 200 Fässern Cement, hergestellt aus schlesischem Kalkstein auf trockenem Wege, in Originalpackung der Fabrik ausgewählt und angekauft;

Portland-Cement C eines rheinischen Werkes, auf trockenem Wege hergestellt, wurde durch eine Bonner Bauunternehmer-Firma von einem größeren Bau in 12 Säcken angeliefert, nachdem bei verschiedenen Eisenbahn-Betriebs-Inspektionen vergeblich nach dem Cement gefragt worden war; ihre Vorräthe waren bereits verbraucht.

Die in der Königl. chem.-techn. Versuchsanstalt ausgeführten vorläufigen Analysen ergaben:

	A	B	C
Kalk	65,54%	63,06%	63,29%
Thonerde und Eisenoxyd .	6,24%	9,75%	12,34%

Die Grenzen liegen bei deutschen Portland-Cementen

für Kalk zwischen . . . . 58,2% und 65,6%

für Thonerde + Eisenoxyd zwischen . 6,4% „ 13,9%

Cement A war also als kalkreich und thonerdearm anzusehen und genügte den Bedingungen, während die Cemente B und C den gestellten Anforderungen nicht voll entsprachen, außerdem einander chemisch sehr ähnlich waren.

Erfahrungsgemäß hält es schwer, einen normalen Portland-Cement im Handel zu finden, der reich an Thonerde und sehr arm an Kalk ist. Dennoch wurde der Versuch gemacht, auf dem Wege des Inserates einen solchen Cement zu beschaffen.

Eine ausländische Cementfabrik erklärte sich bereit, ihren natürlichen Portland-Cement von folgender Zusammensetzung zu liefern:

Sand	0,57
Kieselsäure . .	21,30
Thonerde . .	8,63
Eisenoxyd . .	1,94
Kalkerde . .	60,63
Magnesia . .	1,85
Schwefelsäure . .	3,00
Glühverlust .	1,81

Ein deutsches Portland-Cementwerk war bereit, einen Cement besonders anzufertigen, der etwa folgende Zusammensetzung haben sollte:

---

[1]) Die Vertreter der Cementindustrie hoben mehrfach hervor, daß die Versuche für sie nur theoretisches Interesse bieten.

Kalk . . . . . 55 %
Magnesia . . . . 2,5 „
Kieselsäure . . . . 20,5 „
Eisen und Thonerde . 11,7 „

Wenn auch derartige Cemente keine gewöhnliche Handelswaare darstellen, so wäre es doch im wissenschaftlichen Interesse und für das Ergebniß der Versuche von Wichtigkeit gewesen, das in Frage stehende Verhalten der Cemente in den äußersten noch möglichen Grenzen ihrer verschiedenartigen Zusammensetzung kennen zu lernen. Indessen legten die der Kommission angehörenden Mitglieder des Vereins deutscher Portland-Cement-Fabrikanten Verwahrung gegen die Verwendung nicht handelsüblicher Cemente ein und wünschten die Versuche auf Portland-Cemente des Handels beschränkt.

Da der Cement B inzwischen schnell bindend geworden war[1]), wurde beschlossen, diesen Cement von den Versuchen auszuschließen, dagegen den Cement C als kalkarmen und thonerdereichen Cement zu prüfen, obgleich er die Forderung der Kalkarmuth nicht erfüllt. Für den Cement B sollte ein um mindestens 1% kalkreicherer, thonerdereicher Cement beschafft werden.

Die schlesische Fabrik, welche den Cement B geliefert, erklärte, einen solchen Handelscement liefern zu können und stellte im Juli 1898 vier Fässer davon zur Verfügung, die mit D bezeichnet den Versuchen an Stelle des Cements B unterworfen wurden,[2]) nachdem die Prüfung ergeben hatte, daß er den Anforderungen der Normen entsprach.

Die vorläufige chemische Prüfung des Cementes D ergab:

Kalk . . . . 64,70 %
Thonerde . . . 7,82 %

Der Cement unterschied sich also wesentlich von dem Cemente C und erfüllte wenigstens zum Theil die gestellten Bedingungen. Er ist kalkreich, hat aber nur mittleren Thonerdegehalt, statt thonerdereich zu sein.

Jeder Cement wurde nach Ankunft in seiner ganzen Masse in der Versuchsanstalt gut durchgemischt und in Büchsen aus Zinkblech von je etwa 25 l Inhalt eingelöthet. Traß ist auf Ersuchen der Königlichen Eisenbahnbau- und Betriebsinspektion XIV zu Berlin aus einer Lieferung einer Firma aus dem Nettethal durch die Bahnmeisterei zu Brandenburg a. H. zur Verfügung gestellt worden.

Das Traßmehl wurde durch Siebe von 900 Maschen auf 1 qcm geschickt und die verbleibenden Rückstände so weit gefeint, daß sie das 900-Maschensieb passirten. Dann wurde die ganze Menge sorgfältig durchgemischt, in Zinkbüchsen gepackt und verlöthet.

Feinsand wurde zunächst probeweise in 3 Mahlungen von der Krystall-Quarzsand-Grube „Mathilde" bei Hohenbocka Nied.-Lausitz (Th. G. Melde in Kottbus) bezogen, wo dieser Sand für Zwecke der Glas- und Porzellan-Fabrikation gemahlen wird.

---

[1]) Ein Theil der Körper war aus diesem Cement inzwischen bereits angefertigt.

[2]) Während der Verhandlungen über den Ersatz des Cementes B sind die Cement-Traßmischungen mit den Cementen A und C abwechselnd ausgeführt worden, wie im Arbeitsplan vorgesehen. Nach Anlieferung des Cementes D wurden zunächst alle Mischungen mit diesem Cement ausgeführt, bis die Reihen mit den Cementen A und C gleich standen.

Mit kleinen Mustern zur Probe vorgenommene Siebversuche ergaben folgendes:

Rückstände % auf den Sieben von	Maschen auf 1 qcm			
	600	900	2500	5000
Mahlung I	—	—	—	—
Mahlung II	—	—	2,5	7,4
Mahlung III	—	0,0	15,3	24,2

Hiernach genügte schon die Mahlung III den gestellten Anforderungen. Der Sand hinterließ auf dem 900-Maschinensieb keinen Rückstand. Vergleichende Versuche ergaben aber wesentliche Unterschiede in der Korngröße dieses Quarzmehles gegenüber dem Traß, so daß ein aus den Sorten I und III im Verhältniß 1 : 1 gemischtes Quarzmehl für die Versuche in Aussicht genommen wurde. Die Siebversuche mit diesem Gemisch und dem Traßmehl (vergl. auch S. 31) ergaben folgendes:

Zwischen den Sieben	Rückstand %	
	Traß	Gemischter Feinsand
$\frac{600}{900}$	0,3	0,0
$\frac{900}{2500}$	26,1	26,0
$\frac{2500}{5000}$	5,3	4,0
$\frac{5000}{10000}$	10,6	8,0
$\frac{10000}{-\infty}$	57,7	62,0

Diese Uebereinstimmung in der Feinheit des Trasses und des gemischten Quarzmehles befriedigte, so daß die Materialien wie geschildert zu den Proben Verwendung fanden.

Normalsand wurde wie üblich in Sackpackung vom Chemischen Laboratorium für Thonindustrie in Berlin bezogen, die ganze Menge ausgeschüttet, gut durchgemischt, aufs Neue verpackt und trocken gelagert.

Natursand wurde von der Firma Henneberg & Co. in Freienwalde aus den Rohsandgruben im Hammerthal, wo auch der Normalsand gefertigt wird, bezogen. Der Sand wurde ebenso gemischt und gelagert wie der Normalsand.

VI. Prüfungs-Einrichtungen.

Für die in der Königlichen mechanisch-technischen Versuchsanstalt zu Charlottenburg auszuführenden Versuche waren alle erforderlichen Einrichtungen vorhanden.

Für die Versuche in Westerland stand das Laboratorium des Vereins deutscher Portland-Cement-Fabrikanten zur Verfügung, welches indessen für die Zwecke der in Aussicht genommenen Versuche wesentlich erweitert und theilweise neu ausgestattet werden mußte.

Zur Unterbringung der Proben in See waren Einrichtungen nicht mehr vorhanden, mußten also neu geschaffen werden.

Grundriß und Längenschnitt des Gebäudes der Königlichen Buhnenbau-Verwaltung, an welches vor einigen Jahren das Cement-Laboratorium angebaut worden ist, zeigen Fig. 2—5. Die Mauerschnitte sind schwarz angelegt.

Da von den vorhandenen Räumen keiner entbehrt werden konnte, auch befürchtet wurde, daß bei Anbringung von Regalen zur Wasserlagerung der zahlreichen Probekörper in den als „Dienstzimmer" und „Kommissionszimmer" bezeichneten Räumen zu viel Feuchtigkeit in das Gebäude gebracht werden würde, und ein weiterer Anbau an das Gebäude sich der Licht- und Luftverhältnisse halber verbot, blieb als einziger Ausweg, das Laboratorium zu unterkellern und die zur Süßwasserlagerung und für die erste Woche Seewasserlagerung bestimmten Körper in diesem Keller unterzubringen. Die hierdurch nothwendig gewordenen Umbauten sind im Grundriß und Längenschnitt schraffirt. Die Abbildungen zeigen auch die Anordnung der Regale

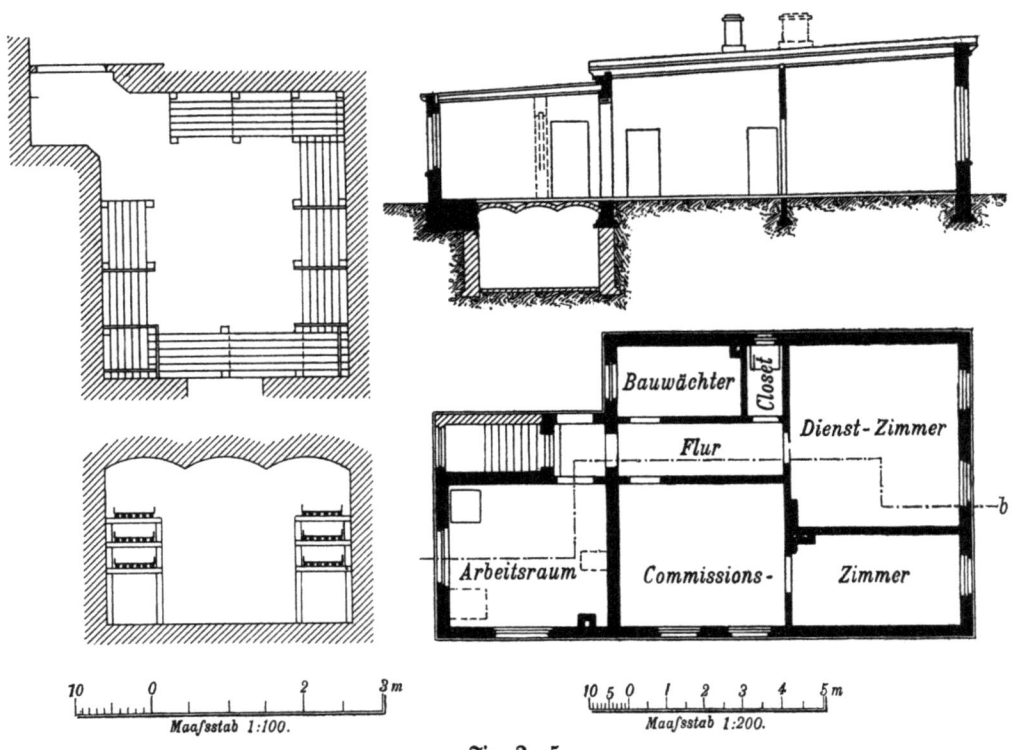

Fig. 2—5.

im Keller, auf welchen flache Zinkkästen in drei Reihen über einander in mittlerer Höhe des Raumes aufgestellt werden konnten. Die Einrichtung bot den Vortheil, daß die Erneuerung des Erhärtungswassers aus einer außerhalb des Gebäudes aufgestellten Tonne leicht zu bewerkstelligen war und die Versuchskörper vor Zugluft und starken Wärmeschwankungen geschützt blieben, da die Kellerdecke in Höhe des äußeren Terrains zu liegen kam, das kleine Kellerfenster fest eingemauert wurde und der Zugang zum Keller erst durch einen umschlossenen Treppenraum erfolgte.

Um die Wärme des Erhärtungswassers stets höher als 10 C° erhalten zu können, wurde in der Mitte des Kellerraumes ein eiserner Kanonenofen aufgestellt. Mit Hülfe eines Thermographen wurde die Kellerwärme in der mittleren Höhe des Raumes dauernd beobachtet, um den Einfluß etwa eintretender Wärmeschwankungen auf gewisse Reihen der Probekörper später feststellen zu können.

Die Aufzeichnungen des vorher sorgfältig geprüften und richtig gestellten Thermographen ergaben, daß die Kellerwärme vom 13. Juni 1898 an bis zum 31. Juli 1898, Tag und Nacht beobachtet, nur zwischen 13 C° und 16 C° schwankte, zumeist sich auf 15 C° hielt. Im August schwankte die Kellerwärme zwischen 16 und 20 C°. Nur am 21. und 22. August Mittags stieg die Wärme bis auf 22 C°, ging aber am 23. August wieder unter 20 C° zurück und sank bis zum 4. September allmählich wieder bis auf durchschnittlich 17 C°. Außerdem wurden arbeitstäglich Vormittags 10 Uhr und Nachmittags 5 Uhr Thermometerablesungen im Keller, im Laboratorium und im Freien gemacht und die Wärme des Anmachewassers der Proben, sowie die Feuchtigkeit der Luft im Keller und im Laboratorium gemessen. Die Ergebnisse dieser Messungen enthalten die Tabellen 1. Aus ihnen geht hervor, daß abgesehen von einigen heißen Tagen Mitte August während der Herstellung der Proben die Wärme im Laboratorium nur zwischen 16 und 19 C° schwankte und die relative Feuchtigkeit der Luft sich auf 80—90 % hielt.

In dem Laboratorium wurden auf gemauerten Fundamenten ein Mischapparat, Bauart Steinbrück-Schmelzer, und ein dreifacher Hammerapparat, Bauart Böhme, mit Einspannvorrichtung nach Martens neu aufgestellt. Von maschinellem Antrieb dieser Apparate, etwa durch einen Petroleummotor, wurde abgesehen, weil sich herausstellte, daß Handbetrieb billiger werden würde, da die erforderlichen Arbeitskräfte ohnehin vorhanden sein mußten. Eine hydraulische Presse nach Amsler-Laffon mit 32 t Kraftleistung und ein Zerreißapparat nach Frühling-Michaelis waren im Laboratorium bereits vorhanden.

Außerdem wurde das Laboratorium mit den erforderlichen Formen, Sieben, Vicatschen Nadeln, Thermometern, Hygrometern und sonstigen Geräthen ausgerüstet, so daß mit der Herstellung der Proben am 13. Juni 1898 begonnen werden konnte. Am 29. September 1898 war die Probenfertigung beendet.

Für den Transport der Proben nach dem etwa 4 km von dem Laboratorium entfernten Hafen Munkmarsch, wo laut Vereinbarung die Körper in See gebracht werden sollten, und von da zurück zum Laboratorium wurden besondere mit Zinkblech ausgeschlagene und zum Tragen an Stangen eingerichtete Holzkästen von ausreichendem Fassungsraum erbaut[1]), in denen die Körper in feuchtem Zustande, bezw. direkt im Seewasser liegend transportirt werden konnten.

Für den Transport der Proben von Munkmarsch nach Charlottenburg dienten gleichfalls besondere mit Zink ausgeschlagene Kisten, in denen die Seeproben zu Packeten zusammengesetzt zwischen Sägemehl lagernd verpackt wurden. Das Sägemehl wurde mit Seewasser — bei den Süßwasserproben mit Süßwasser — getränkt.

Um der gestellten Aufgabe gerecht zu werden, die Probekörper dem direkten Angriff der Wellen zu entziehen, sie dagegen der Einwirkung von Ebbe und Fluth auszusetzen, schien nach Besichtigung der Oertlichkeit die Unterbringung der Probekörper im Wattenmeere, und zwar unterhalb des Brückenkopfes am neuen Hafendamm bei Munkmarsch am besten geeignet.

Der Vorschlag, die Proben an einer geschützten Stelle des Weststrandes der Insel in Kästen zu versenken, welche an den Seiten mit Segelleinwand bekleidet sind, war wegen der häufig

---

[1]) Vom Bahntransport mußte wegen der zu befürchtenden, für die jungen Proben schädlichen Erschütterungen und der Unzuverlässigkeit regelmäßigen Transportes während des starken Verkehrs der Badesaison abgesehen werden

Tabelle 1. **Ergebnisse der Wärmemessungen während der Anfertigung der Probekörper.**

Tag	Stunde	Wärme im Keller	Wärme im Laboratorium	Wärme im Freien	Wärme des Anmachewassers	Feuchtigkeit der Luft im Keller	Feuchtigkeit der Luft im Laboratorium	Tag	Stunde	Wärme im Keller	Wärme im Laboratorium	Wärme im Freien	Wärme des Anmachewassers	Feuchtigkeit der Luft im Keller	Feuchtigkeit der Luft im Laboratorium
		C°	C°	C°	C°	%	%			C°	C°	C°	C°	%	%
13.6.98	10 V.	13,8	16,5	13,8	17,8	92	93	9.7.98	10 V.	14,5	18,0	17,5	15,7	100	95
	5 N.	15,0	18,8	20,0		88	88		5 N.	14,5	19,0	16,5		99	92
14.6.98	10 V.	13,5	16,8	15,0	16,8	88	95	11.7.98	10 V.	14,5	18,5	16,5	16,3	97	90
	5 N.	14,0	18,0	18,0		88	83		5 N.	15,5	20,0	20,0		99	85
15.6.98	10 V.	14,5	17,2	17,0	17,2	95	98	12.7.98	10 V.	15,0	17,5	15,0	15,5	97	91
	5 N.	14,2	18,8	23,2		89	92		5 N.	15,0	20,5	20,5		99	83
16.6.98	10 V.	15,0	18,0	18,0	17,5	82	87	13.7.98	10 V.	14,5	17,5	15,0	15,3	98	92
	5 N.	13,5	18,0	15,5		88	92		5 N.	15,0	18,5	22,0		98	80
17.6.98	10 V.	14,5	16,3	16,0	16,5	82	85	14.7.98	10 V.	14,5	17,0	14,5	16,0	99	90
	5 N.	15,0	17,4	17,5		85	85		5 N.	14,0	17,5	19,0		99	77
18.6.98	10 V.	13,5	16,4	15,8	16,8	90	92	15.7.98	10 V.	14,5	17,0	15,0	15,2	97	89
	5 N.	15,0	18,0	18,4		87	84		5 N.	14,5	19,0	19,0		99	80
20.6.98	10 V.	14,5	16,3	16,0	16,5	93	87	16.7.98	10 V.	14,5	17,5	15,5	15,8	97	90
	5 N.	15,0	17,5	17,0		98	95		5 N.	15,0	17,0	21,5		99	76
21.6.98	10 V.	14,5	16,5	16,5	17,0	97	91	18.7.98	10 V.	14,5	16,0	15,0	16,3	99	94
	5 N.	14,5	18,5	16,0		97	89		5 N.	15,0	17,5	15,0		100	96
22.6.98	10 V.	14,5	17,0	14,5	15,8	96	97	19.7.98	10 V.	14,5	16,5	14,5	15,2	97	90
	5 N.	14,5	18,0	14,0		97	94		5 N.	14,1	20,0	17,0		95	87
23.6.98	10 V.	14,0	17,0	12,0	15,8	96	97	20.7.98	10 V.	14,5	16,0	15,5	15,5	96	87
	5 N.	14,5	18,0	16,0		83	97		5 N.	14,5	18,0	15,0		99	84
24.6.98	10 V.	14,5	15,5	14,5	17,0	97	94	21.7.98	10 V.	14,5	16,5	14,0	16,3	99	89
	5 N.	14,0	16,0	14,0		96	94		5 N.	14,5	18,0	17,5		97	84
25.6.98	10 V.	14,0	15,0	15,0	16,5	99	97	22.7.98	10 V.	15,0	17,0	17,0	17,2	100	90
	5 N.	14,0	17,0	25,0		99	92		5 N.	15,0	20,5	22,5		98	72
27.6.98	10 V.	14,5	18,0	15,0	17,5	99	97	23.7.98	10 V.	15,0	19,0	18,0	15,8	97	89
	5 N.	15,0	19,0	16,0		99	98		5 N.	15,0	19,5	16,5		98	86
28.6.98	10 V.	14,5	17,0	14,0	16,0	97	98	25.7.98	10 V.	14,5	16,0	13,0	16,2	96	84
	5 N.	14,5	16,5	12,0		99	96		5 N.	14,5	17,0	14,5		96	85
29.6.98	10 V.	14,0	14,5	13,0	15,5	98	95	26.7.98	10 V.	14,5	16,0	15,0	16,3	96	88
	5 N.	14,0	15,0	13,5		99	91		5 N.	14,5	17,0	16,5		96	77
30.6.98	10 V.	14,0	16,0	16,0	15,8	99	94	27.7.98	10 V.	14,0	16,5	15,0	16,5	96	90
	5 N.	14,0	19,5	21,0		99	89		5 N.	14,5	17,0	16,0		98	87
1.7.98	10 V.	14,0	17,5	15,0	16,2	97	94	28.7.98	10 V.	14,5	16,5	15,5	17,2	97	82
	5 N.	14,5	19,5	20,0		97	89		5 N.	14,5	19,0	22,5		99	75
2.7.98	10 V.	14,0	16,0	17,0	15,7	98	83	29.7.98	10 V.	15,0	18,0	19,5	17,5	98	85
	5 N.	14,5	18,5	22,0		99	83		5 N.	15,0	20,5	20,0		98	82
4.7.98	10 V.	14,0	16,0	15,5	16,5	99	87	30.7.98	10 V.	15,0	17,5	14,0	16,8	94	82
	5 N.	14,5	18,0	20,0		99	76		5 N.	14,5	18,5	18,0		94	72
5.7.98	10 V.	14,5	16,0	15,5	17,2	98	82	1.8.98	10 V.	14,5	17,5	15,5	17,5	98	89
	5 N.	14,5	18,5	18,5		99	79		5 N.	14,5	18,0	15,0		99	89
6.7.98	10 V.	14,0	16,5	16,0	16,5	98	81	2.8.98	10 V.	15,0	17,0	18,0	17,2	99	90
	5 N.	14,7	17,8	18,2		96	84		5 N.	15,0	20,5	21,0		99	88
7.7.98	10 V.	14,5	16,0	15,5	16,2	99	95	3.8.98	10 V.	15,0	18,5	18,0	18,0	99	92
	5 N.	14,5	19,0	18,0		99	89		5 N.	15,0	20,5	20,5		98	89
8.7.98	10 V.	14,5	16,0	17,0	15,7	99	95	4.8.98	10 V.	15,5	18,0	15,0	18,0	95	89
	5 N.	14,5	18,0	19,0		99	93		5 N.	15,5	20,0	23,5		97	79

Tag	Stunde	Wärme im			Wärme des Anmachewassers	Feuchtigkeit der Luft im		Tag	Stunde	Wärme im			Wärme des Anmachewassers	Feuchtigkeit der Luft im	
		Keller	Laboratorium	Freien		Keller	Laboratorium			Keller	Laboratorium	Freien		Keller	Laboratorium
		C°			C°	%				C°			C°	%	
5.8.98	10 V.	15,5	17,5	16,5	17,2	97	85	2.9.98	10 V.	15,0	16,5	15,5	16,8	92	90
	5 N.	15,5	18,5	16,0		98	87		5 N.	15,0	17,0	16,5		96	83
6.8.98	10 V.	15,5	18,0	17,5	17,5	98	95	3.9.98	10 V.	15,5	17,5	16,5	17,5	96	97
	5 N.	16,5	18,5	17,5		98	90		5 N.	15,5	18,0	17,5		95	90
8.8.98	10 V.	15,0	17,0	15,5	17,3	96	88	5.9.98	10 V.	16,0	19,0	17,0	16,5	95	94
	5 N.	15,0	18,5	17,5		96	86		5 N.	16,0	20,0	17,0		95	84
9.8.98	10 V.	15,0	17,0	15,5	17,1	96	96	6.9.98	10 V.	15,5	17,0	16,5	17,0	95	91
	5 N.	15,0	17,5	14,5		97	92		5 N.	15,5	18,5	17,5		95	88
10.8.98	10 V.	14,5	16,5	15,0	16,8	96	88	7.9.98	10 V.	15,5	17,5	15,5	16,3	96	94
	5 N.	15,0	18,5	21,0		96	80		5 N.	15,5	18,0	17,0		95	93
11.8.98	10 V.	15,0	17,5	17,5	17,5	96	92	8.9.98	10 V.	16,0	19,0	19,0	16,5	95	89
	5 N.	15,0	20,0	19,0		97	91		5 N.	16,0	20,5	21,5		95	84
12.8.98	10 V.	15,5	18,5	19,5	16,8	97	93	9.9.98	10 V.	16,5	20,0	20,5	17,0	95	91
	5 N.	15,5	20,5	23,0		97	91		5 N.	16,5	22,0	22,0		96	89
13.8.98	10 V.	16,0	20,0	21,0	17,4	98	92	10.9.98	10 V.	16,5	19,5	19,0	17,0	95	94
	5 N.	17,0	23,0	23,5		97	86		5 N.	16,5	18,0	17,0		95	80
15.8.98	10 V.	17,5	22,5	23,5	17,0	96	79	12.9.98	10 V.	16,5	18,0	16,5	16,5	95	94
	5 N.	18,5	24,5	26,5		95	76		5 N.	16,5	19,0	17,5		95	73
16.8.98	10 V.	18,0	23,5	24,0	16,5	95	79	13.9.98	10 V.	16,0	17,0	15,0	16,8	94	93
	5 N.	18,5	24,5	24,5		96	84		5 N.	15,5	17,0	15,0		94	92
17.8.98	10 V.	18,0	22,0	18,0	17,3	95	87	14.9.98	10 V.	15,5	16,5	16,5	16,5	96	96
	5 N.	18,0	22,0	18,0		95	85		5 N.	16,0	17,5	18,0		96	96
18.8.98	10 V.	17,5	19,5	17,0	16,5	95	86	15.9.98	10 V.	16,0	17,0	17,5	17,2	95	95
	5 N.	17,0	19,0	18,0		94	77		5 N.	16,0	17,0	17,0		95	85
19.8.98	10 V.	16,5	18,0	18,0	17,2	90	81	16.9.98	10 V.	16,0	17,0	17,5	16,8	96	80
	5 N.	17,0	20,5	20,0		88	63		5 N.	16,0	18,5	19,5		95	86
20.8.98	10 V.	16,5	18,5	18,5	17,0	92	86	17.9.98	10 V.	15,5	16,5	15,5	16,5	95	90
	5 N.	17,5	20,0	22,0		84	80		5 N.	16,0	18,5	19,5		95	79
22.8.98	10 V.	17,5	20,5	20,5	16,8	87	76	19.9.98	10 V.	16,0	18,0	15,0	16,5	94	91
	5 N.	18,0	19,5	20,5		90	66		5 N.	16,0	19,5	16,5		93	78
23.8.98	10 V.	18,0	20,5	20,0	16,5	97	92	20.9.98	10 V.	16,0	17,5	16,5	17,0	95	94
	5 N.	18,5	22,5	23,5		97	88		5 N.	16,5	18,5	16,5		95	94
24.8.98	10 V.	17,5	19,5	17,0	17,3	95	94	21.9.98	10 V.	16,0	17,5	16,5	17,5	95	96
	5 N.	18,5	19,5	17,5		84	83		5 N.	16,0	19,0	16,5		95	89
25.8.98	10 V.	15,5	17,5	15,5	17,0	79	80	22.9.98	10 V.	15,5	17,0	15,0	16,8	94	93
	5 N.	15,5	19,5	16,5		80	76		5 N.	15,5	17,0	14,5		95	84
26.8.98	10 V.	15,5	17,5	17,0	17,5	93	80	23.9.98	10 V.	14,5	15,5	14,0	16,0	94	84
	5 N.	15,0	18,5	17,0		85	74		5 N.	15,0	17,0	14,0		94	80
27.8.98	10 V.	16,5	17,5	19,0	16,4	94	89	24.9.98	10 V.	14,0	15,0	12,5	15,5	94	86
	5 N.	15,5	18,5	18,0		84	79		5 N.	14,5	17,5	13,5		95	83
29.8.98	10 V.	15,5	16,5	15,0	16,0	87	83	26.9.98	10 V.	13,0	12,5	10,0	16,5	94	90
	5 N.	15,0	19,5	16,5		85	84		5 N.	13,0	15,0	12,0		95	87
30.8.98	10 V.	15,5	16,5	16,5	16,5	95	93	27.9.98	10 V.	13,0	14,0	12,0	15,8	95	82
	5 N.	16,0	19,0	17,5		95	85		5 N.	13,0	17,5	13,5		95	82
31.8.98	10 V.	15,5	17,5	15,5	17,5	93	91	28.9.98	10 V.	13,0	14,5	11,5	16,5	95	93
	5 N.	15,5	18,0	15,0		96	87		5 N.	12,5	15,0	12,5		96	91
1.9.98	10 V.	15,5	16,5	13,5	17,0	92	90								
	5 N.	15,5	17,0	15,5		96	81								

wechselnden Höhenverhältnisse des Vor-Strandes und des Strandes und der Schwierigkeit, die Proben zur richtigen Zeit für die Prüfung zu entnehmen, undurchführbar. Auch wäre das Segelleinen in Folge der ständigen und heftigen Sandreibung schnell verschlissen, also ein Schutzmittel von kurzer Dauer, und eine zeitweilige Erneuerung in Folge starken Seeganges bisweilen schwierig, wenn nicht unmöglich gewesen.

Ein anderer Vorschlag, diese Uebelstände durch ein massives Bauwerk in Art eines Brunnens, dessen Standort weit genug in See ist und dessen Schacht mit der Außensee in Verbindung steht, zu beseitigen, scheiterte an den voraussichtlich sehr hohen Kosten und der Schwierigkeit der Entnahme der Proben bei hohem Seegang.

Auch die frühere Art der Aufbewahrung in verzinkten Eisengitterkästen, die längs der Buhnen vor Westerland an den Buhnenpfählen mittelst Krampen befestigt waren, konnte keine Anwendung finden, da diese Kästen mit ihrem Inhalt in Folge von Eisschiebungen und Zerstörungen der Buhnen bei starkem Seegang theilweise verloren gegangen sind.

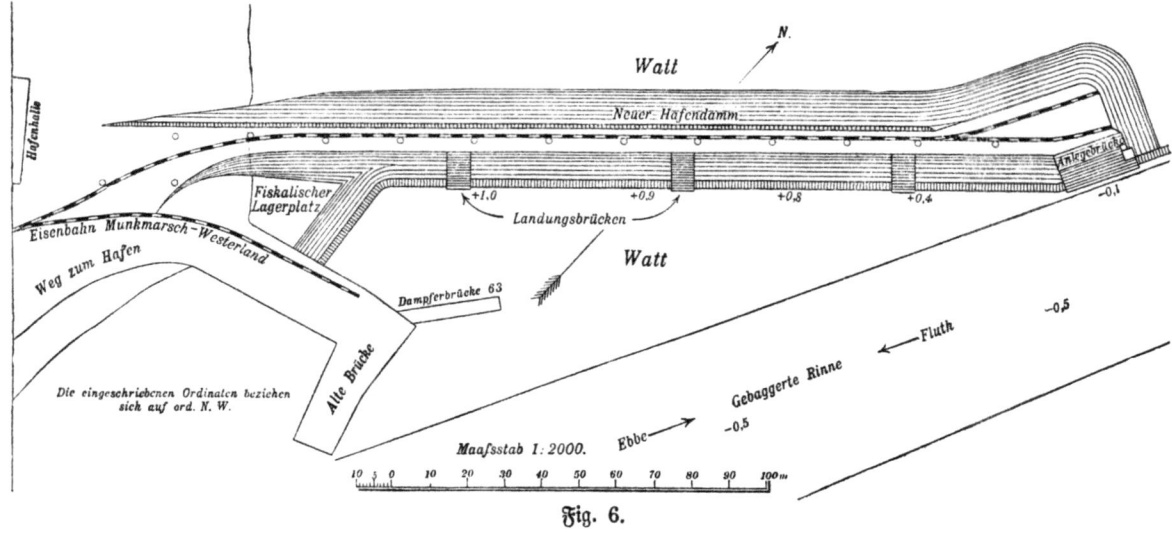

Fig. 6.

In Munkmarsch zeigt sich eine ständige Strömung, in der Fluth durch die über den Leitdamm des Hafens fallenden Wassermassen, in der Ebbe durch die hinter einer Lahnung aufgefangenen und nach hier abgeführten und zur Spülung des Hafens dienenden Wassermassen. Der Spülstrom steht hart an die Brücke heran, erhält also dort die Wassertiefe, sodaß auch die Befürchtung des vollständigen Verschlickens ausgeschlossen war. Für Beseitigung der etwa eintretenden geringen Ueberzüge von Schlick auf den Probekörpern konnte durch gelegentliche Benutzung der zum Speisen der Dampfkessel der Schiffe vorhandenen Saug- und Druckpumpe Sorge getragen werden.

Ein entsprechendes Bauwerk, dessen Situation Fig. 6 und 7 darstellt, wurde nach den Plänen des Herrn Regierungsbaumeisters Kratz ausgeführt. Die Einzelheiten der Konstruktion enthalten Fig. 8 bis 12.

Zwischen der ersten Reihe der Brückenständerpfähle und den Sturmpfählen sind längs derselben mit diesen zwei kräftige Balken in Verbindung gebracht (Fig. 7 a b): die Balken haben einen lichten Abstand von 50 cm. Zur Erlangung größerer Steifigkeit und zur öfteren Unterstützung sind noch besondere Unterzüge angebracht, die mit den Ständerpfählen und den

Sturmpfählen einerseits und mit den Balken andererseits durch Spitzbolzen bezw. Schraubenbolzen verbunden sind.

Diese Unterzüge, sowie dazwischen sitzende, mit den Balken in Verbindung gebrachte Querhölzer dienen den Latten, auf welche die Probekörper-Packete gelegt werden, zur Befestigung. Durch Trennungsbretter, welche jedoch weder bis auf die Latten, noch bis zur Oberkante der Längsbalken reichen und welche in dreieckige Nuthen zwischen die Balken eingetrieben wurden (Fig. 8, 10 und 11), ist der ganze Raum in 100 Felder getheilt, von denen jedes eine Druck- und eine Zugfolge, also 20 Körper in einer später zu beschreibenden Verpackung aufnahm. Die Lage der einzelnen Fächer wurde durch Nummerirung der Pfähle und Herstellung einer Uebersichtsskizze, von der Fig. 8 einen Theil darstellt, festgelegt. Ueber die gefüllten Kästen wurden Deckbretter mit Nuth und

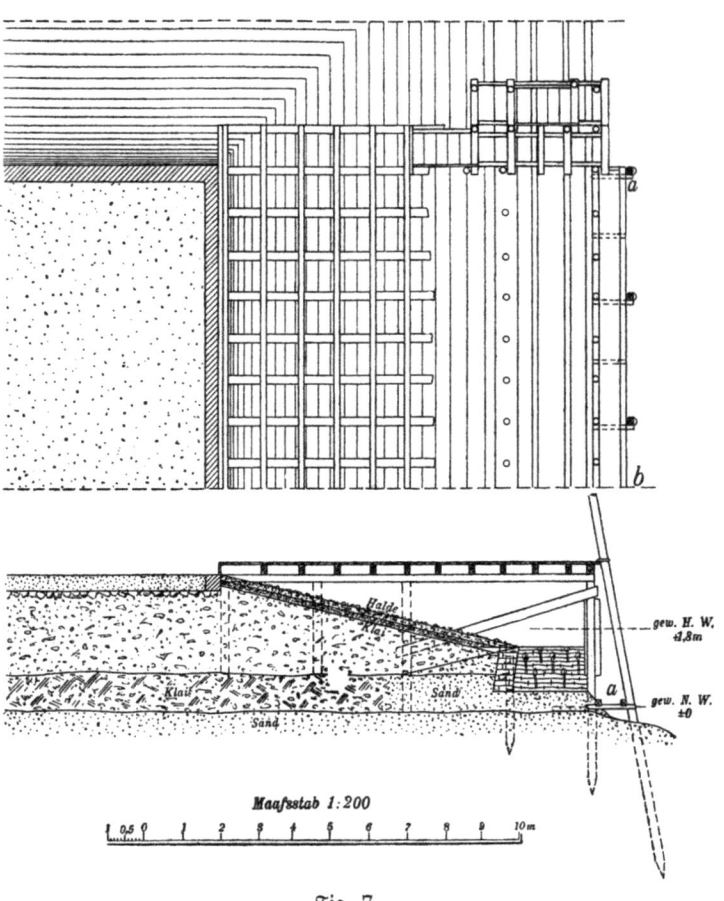

Fig. 7.

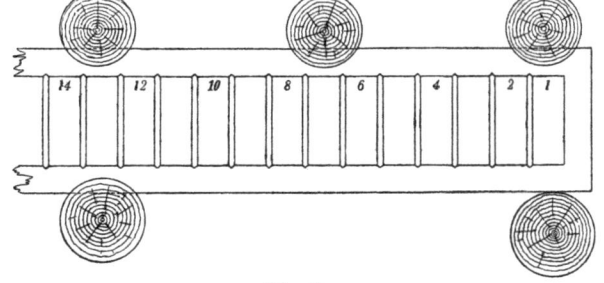

Fig. 8.

Keilverschluß (Fig. 12) so befestigt, daß jedes Brett zwei Kästen je nicht ganz zur Hälfte überdeckt, so daß über jedem Kasten noch ein offener Schlitz dem Wasser den Durchtritt gestattet, ohne doch bei etwaiger Lösung der Packete die einzelnen Probekörper durchzulassen. (Vergl. Fig. 10, 11 und 12.)

In den 100 Feldern ließen sich $100 \cdot 20 = 2000$ Probekörper gleichzeitig aufbewahren, was genügte, da nur 2240 Proben in See gebracht werden mußten, und mit dem Fortschritt in der Anfertigung der Proben schon in See aufbewahrte, früher gefertigte Körper zerrissen und zerdrückt wurden.

Sämmtliche Körper lagen auf diese Weise in einer Ebene unter dem Wasserspiegel des

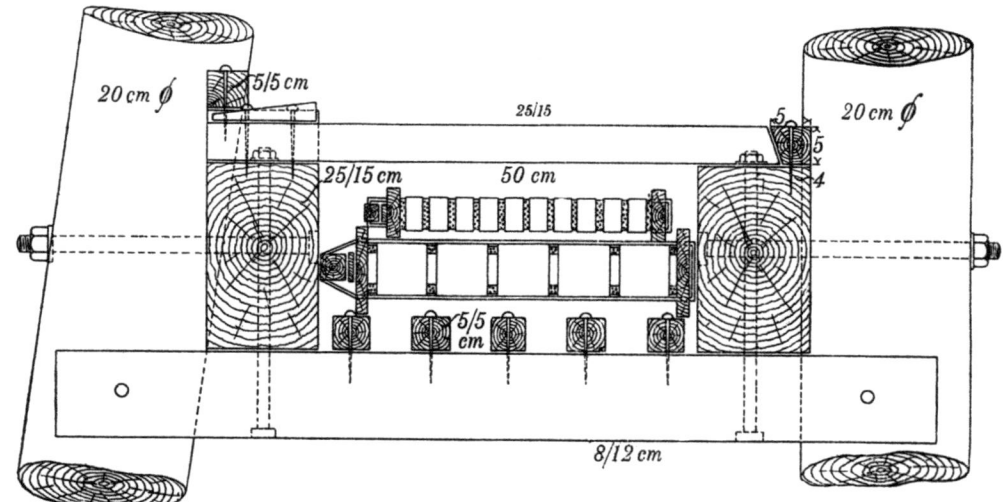

Fig. 9.

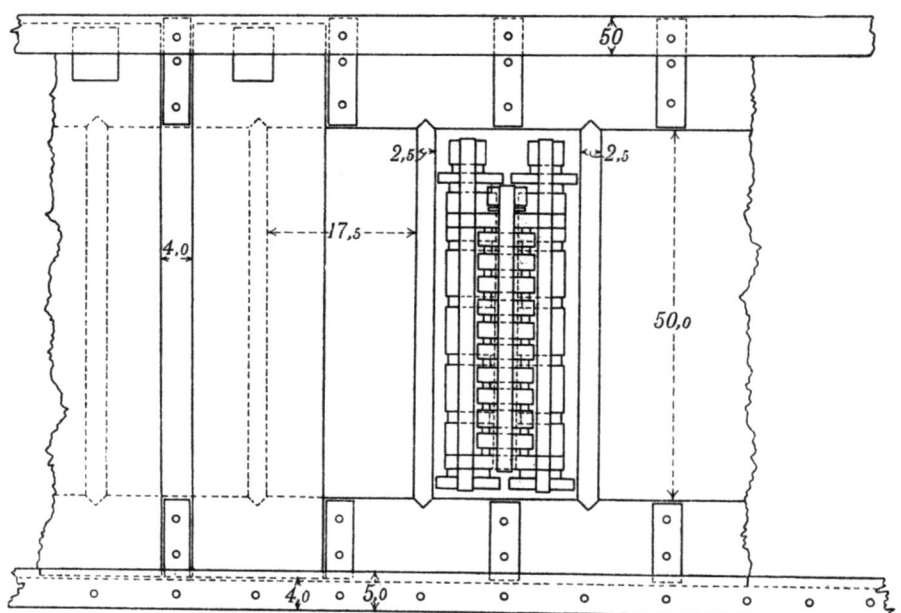

Fig. 10.

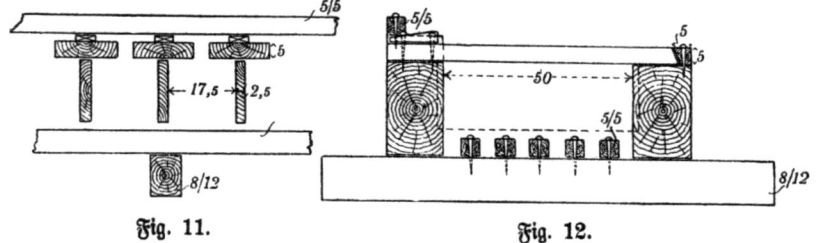

Fig. 11.   Fig. 12.

Mittelwassers, so daß sie nur zur Zeit des Niedrigwassers auf kurze Zeit aus dem Wasser auftauchten. Austrocknung während dieser Zeit war um so mehr ausgeschlossen, als die Packete mit Sackleinwand zugedeckt wurden[1]).

Besonders Bedacht mußte auf die Verbindung der einzelnen Probekörper zu Packeten genommen werden. Das mußte in der Weise geschehen, daß zwar die einzelnen Körper an freier Bewegung gehindert waren, also nicht zum Spiel der Wellen wurden, daß aber trotzdem das Wasser sie von allen Seiten umspülen konnte und daß sie sich leicht und fest in die Holzbehälter einbringen und eben so leicht wieder daraus entfernen ließen. Um dies zu erreichen sind nach Angabe von Herrn Professor Martens je 5 Druckkörper und je 10 Zugkörper von schmiedeeisernen, verzinkten Bügeln derartig umschlossen, wie Fig. 9 und 10 andeuten. Die Proben liegen zwischen zwei Holzbrettchen, an diesen und zwischen je 2 Körpern liegen je 2 Korkstreifchen, die ein festes Zusammenpressen der Körper gestatten, ohne doch die Körper zu beschädigen. Das Zusammenpressen geschieht durch Eintreiben von Holzkeilen unter den Kopf des Bügels, wodurch die Körper so fest mit dem Rahmen verbunden werden, daß auch heftige Stöße und gewaltsames Schütteln mit der Hand sie nicht zu lösen vermag. Fig. 9 und 10 zeigen auch, wie die Packete in die Fächer eingelegt wurden, je zwei Packete mit zusammen 10 Würfeln unten und 10 Zugproben in einem Packet darüber. Bedeckt wurden die Körper mit einem Stück Sackleinen, um den sich absetzenden Schlick nach Möglichkeit von den Körpern abzuhalten. Dennoch wurde schon nach wenigen Wochen festgestellt, daß sich nicht nur auf dem deckenden Sackleinen, sondern auch auf den Körpern selbst Schlick ablagerte, der nach Erforderniß durch Abspülungen mit Hülfe der Druckpumpe beseitigt wurde. Im Oktober 1898 hatte sich außerdem der Schlickboden des Watts an der Stelle des Seewasserbehälters bis zur Unterkante desselben aufgehöht und mußte durch Baggerung beseitigt werden, um den ungehinderten Durchtritt des Seewassers durch die Probenfächer zu ermöglichen.

Da sich die Einbringung der Proben in den Seewasserbehälter bei starkem Seegang nicht immer pünktlich an den vorgesehenen Terminen bewerkstelligen ließ und auch die zur Zeit des Niedrigwassers herausgenommenen Proben nicht immer sogleich nach Westerland gebracht werden konnten, wurde unterhalb des Brückenkopfes in Munkmarsch, höher an Land noch ein besonderer mit Zink ausgeschlagener und mit Seewasser gefüllt gehaltener Behälter gebaut, in welchem die Packete mit Probekörpern nach Bedarf einige Stunden oder Tage lagerten, bis sie in ihre Fächer oder nach Westerland gebracht werden konnten. Auf diese Weise wurde das Austrocknen der Proben verhütet.

Der Kasten wurde durch ein sicheres Schloß gegen unberufene Hände und durch schwere Holzriegel gegen starken Hochwasserandrang gesichert.

VII. Vorversuche.

Alle für die Verwendung im Laboratorium zu Westerland bestimmten Apparate wurden vorher in Charlottenburg geprüft und erprobt. Die Druckpresse ist schon früher mehrfach mit der Presse der Versuchsanstalt verglichen worden, und parallele Versuchsreihen lieferten

---

[1]) Die Körper gänzlich und bis zur Prüfung für immer unter Wasser zu bringen war wegen der Schwierigkeit der Beschickung der tief unter Wasser liegenden Kästen nicht zweckmäßig und auch nicht erwünscht, weil zu erwarten stand, daß die saugende Wirkung der Ebbe besser zur Geltung kommen würde, wenn das Wasser sich täglich zweimal völlig zwischen den Körpern zurückziehen und sie dann wieder von unten aus neu durchdringen konnte.

stets ausreichend übereinstimmende Ergebnisse. Die Hammerapparate ergaben sich nach sorgfältiger Prüfung als in allen wesentlichen Theilen mit den Apparaten der Versuchsanstalt übereinstimmend.

Für die Erprobung des Mörtelmischers waren die Erfahrungen maßgebend, die schon früher bei Einführung der Maschine gesammelt wurden und welche erwiesen, daß mit 20 Umgängen der Schüssel sich eine sehr innige Mischung des 1 + 3 Mörtels erzielen ließ und daß die aus den so gemischten Mörteln hergestellten Körper nahezu dieselben Festigkeiten lieferten, wie die gleichzeitig nach sorgfältiger Handmischung eingeschlagenen Körper. Es blieb nur noch zu erproben, ob sich das Mischverfahren auch auf die Cement-Traß-Mörtel mit demselben Erfolge anwenden ließ.

Zum Vergleiche des Mischverfahrens von Hand und mit der in Westerland aufzustellenden Mischmaschine hat die Versuchsanstalt deshalb Versuche mit 2 Mischungen ausgeführt, deren Ergebnisse in Tabelle 2 zusammengestellt sind.

Tabelle 2. **Wirkung des Mischverfahrens mit der Hand und mit der Maschine.**

Mischung in Gewichtstheilen	Handmischverfahren				Maschinenmischverfahren 20 Schüsselumdrehungen			
	Zugfestigkeit		Druckfestigkeit		Zugfestigkeit		Druckfestigkeit	
	kg/qcm		kg/qcm		kg/qcm		kg/qcm	
	7 Tage	28 Tage	7 Tage	28 Tage	7 Tage	28 Tage	7 Tage	28 Tage
52 Cement + 48 Traß + 300 Normalsand	13,5	23,4	90,5	178,6	14,2	23,1	93,7	197,0
65 Cement + 35 Traß + 300 Normalsand	17,9	27,8	116,8	210,7	17,9	30,4	118,1	216,4
Mittl. Raumgew.	2,309		2,223		2,319		2,227	

Aus den Ergebnissen ist ersichtlich, daß 20 Schüsselumdrehungen eine Mischung erzeugen, die ähnliche, aber — namentlich in Bezug auf Druckfestigkeit — etwas höhere Werthe liefert, als das Handmischverfahren[1]).

Die Mischarbeit noch weiter zu treiben, schien nicht empfehlenswerth, da — wie weitere Versuche ergaben — der Mörtel hierdurch zu plastisch wird und sich nicht mehr normenmäßig einschlagen läßt.

Deshalb wurden 20 Schüsselumdrehungen für alle Mischungen beibehalten.

Die Prüfung auf allgemeine Eigenschaften der Mörtelstoffe und die normenmäßige Prüfung der Cemente wurde in der Versuchsanstalt ausgeführt. Alle Körper für die Prüfung der nachstehend in Tab. 3 zusammengestellten Mischungen wurden in Westerland angefertigt, nachdem vorher in der Versuchsanstalt für jede Mischung der erforderliche Wasserzusatz durch Versuche bestimmt worden war. Der Versuch, den Wasserzusatz aus dem Undichtigkeitsgrade des trockenen Mörtelgemenges zu berechnen, mißlang, wie aus Tab. 3 hervorgeht.

---

[1]) Vergl. Protokoll des Vereins deutscher Portland-Cement-Fabrikanten 1897 S. 114, 1898 S. 118—126 und Mittheilungen aus den Kgl. technischen Versuchsanstalten 1898 S. 17—33. Weitere Versuche werden demnächst veröffentlicht.

Tabelle 3. **Ermittelung des Wasserzusatzes für die Mörtelmischungen.**

Mischung in Gew. Theil	Material-menge für jede Mischung g	1 l des trockenen Mörtels wog kg		Spec. Gewicht s	Un-dichtig-keitsgrad u	Wasserzusatz in % der trocke-nen Mischung		Wasser-menge für jede Mischung ccm	Mörtelmenge für jeden Körper zu		Reihe Nr.
		ein-gelaufen	ein-gerüttelt			nach der Berech-nung*)	nach dem Versuch		Zug g	Druck g	
Cement A.											
1 Cement + 2 Normalsand	750 1500	1,725	2,200	2,812	0,218	9,9	9,0	203	225	880	1
1 Cement + 3 Normalsand	550 1650	1,670	2,096	2,768	0,243	11,6	8,5	187	180	860	4
1 Cement + 4 Normalsand	500 2000	1,621	1,992	2,743	0,274	13,6	7,5	188	180	845	7
1 Cement + 4 Natursand	500 2000	1,728	2,158	2,773	0,222	10,3	7,0	175	180	845	10
52 Cement + 48 Traß + 200 Normalsand	390 360 1500	1,600	2,074	2,678	0,225	10,8	9,5	214	225	880	15
52 Cement + 48 Traß + 300 Normalsand	286 264 1650	1,607	2,030	2,618	0,225	11,1	9,0	198	225	880	18
52 Cement + 48 Traß + 400 Normalsand	260 240 2000	1,576	1,975	2,662	0,266	13,4	8,25	206	180	860	21
65 Cement + 35 Traß + 200 Normalsand	488 262 1500	1,640	2,104	2,713	0,225	10,7	9,25	208	225	880	24
65 Cement + 35 Traß + 400 Normalsand	325 175 2000	1,590	1,960	2,684	0,270	13,8	8,25	206	180	860	27
52 Cement + 48 Feinsand + 200 Normalsand	390 360 1500	1,699	2,192	2,731	0,198	9,0	8,5	191	225	880	30
52 Cement + 48 Feinsand + 400 Normalsand	260 240 2000	1,611	2,000	2,694	0,258	12,9	7,75	194	180	860	33
Cement B.											
1 Cement + 2 Normalsand	750 1500	1,725	2,192	2,790	0,214	9,75	9,5	214	225	880	2
1 Cement + 3 Normalsand	550 1650	1,656	2,080	2,752	0,244	11,73	9,0	198	180	860	5
1 Cement + 4 Normalsand	500 2000	1,610	1,988	2,730	0,272	13,68	8,0	200	180	845	8
—	—	—	—	—	—	—	—	—	—	—	Nicht ausgeführt. (f. folg. S.)
55 Cement + 45 Traß + 200 Normalsand	440 360 1600	1,617	2,072	2,673	0,225	10,86	10,0	240	225	880	

*) Zur Füllung der Hohlräume.

Mischung in Gew. Theil	Material-menge für jede Mischung g	1 l des trockenen Mörtels wog kg eingelaufen	1 l des trockenen Mörtels wog kg eingerüttelt	Spec. Gewicht s	Un-dichtig-keitsgrad u	Wasserzusatz in % der trocke-nen Mischung nach der Berech-nung *)	Wasserzusatz in % der trocke-nen Mischung nach dem Versuch	Wasser-menge für jede Mischung ccm	Mörtelmenge für jeden Körper zu Zug g	Mörtelmenge für jeden Körper zu Druck g	Reihe Nr.
55 Cement + 45 Traß + 300 Normalsand	330 270 1800	1,600	2,030	2,665	0,238	11,72	9,5	228	225	880	
55 Cement + 45 Traß + 400 Normalsand	275 225 2000	1,576	1,965	2,660	0,261	13,28	8,5	213	180	860	
67 Cement + 33 Traß + 200 Normalsand	536 264 1600	1,648	2,104	2,704	0,222	10,55	10,0	240	225	880	
67 Cement + 33 Traß + 400 Normalsand	335 165 2000	1,590	1,970	2,679	0,265	13,45	9,0	225	180	860	
55 Cement + 45 Feinsand + 200 Normalsand	440 360 1600	1,676	2,174	2,724	0,202	9,25	8,5	204	225	880	
55 Cement + 45 Feinsand + 400 Normalsand	275 225 2000	1,602	2,000	2,690	0,256	12,8	7,75	194	180	860	

Nicht ausgeführt, weil Cement B durch Cement D ersetzt wurde.

Cement C.

Mischung in Gew. Theil	Material-menge für jede Mischung g	1 l eingelaufen	1 l eingerüttelt	Spec. Gewicht s	Un-dichtig-keitsgrad u	Wasser % Berech.	Wasser % Versuch	Wasser-menge ccm	Zug g	Druck g	Reihe Nr.
1 Cement + 2 Normalsand	750 1500	1,742	2,215	2,806	0,218	9,70	9,75	219	225	880	3
1 Cement + 3 Normalsand	550 1650	1,668	2,100	2,763	0,240	11,43	9,25	204	180	860	6
1 Cement + 4 Normalsand	500 2000	1,620	2,012	2,740	0,266	13,22	8,25	206	180	845	9
1 Cement + 4 Natursand	500 2000	1,733	2,180	2,770	0,213	9,77	8,0	200	180	845	11
60 Cement + 40 Traß + 200 Normalsand	480 320 1600	1,640	2,104	2,696	0,220	10,45	10,0	240	225	880	17
60 Cement + 40 Traß + 300 Normalsand	360 240 1800	1,612	2,059	2,682	0,232	11,27	9,5	228	225	880	20
60 Cement + 40 Traß + 400 Normalsand	300 200 2000	1,577	1,980	2,674	0,259	13,08	8,5	213	180	860	23
70 Cement + 30 Traß + 200 Normalsand	560 240 1600	1,667	2,140	2,725	0,215	10,47	10,0	240	225	880	26
70 Cement + 30 Traß + 400 Normalsand	350 150 2000	1,592	1,994	2,690	0,260	13,04	9,0	216	180	860	29
60 Cement + 40 Feinsand + 200 Normalsand	480 320 1600	1,725	2,195	2,740	0,199	9,07	8,5	204	225	880	32
60 Cement + 40 Feinsand + 400 Normalsand	300 200 2000	1,609	1,990	2,700	0,263	13,22	7,75	194	180	860	35

*) Zur Füllung der Hohlräume.

Mischung in Gew. Theil	Material-menge für jede Mischung g	1 l des trockenen Mörtels wog kg eingelaufen	1 l des trockenen Mörtels wog kg eingerüttelt	Spec. Gewicht s	Un-dichtig-keitsgrad u	Wasserzusatz in % der trockenen Mischung nach der Berechnung*)	Wasserzusatz in % der trockenen Mischung nach dem Versuch	Wasser-menge für jede Mischung ccm	Mörtelmenge für jeden Körper zu Zug g	Mörtelmenge für jeden Körper zu Druck g	Reihe Nr.
\multicolumn{12}{c}{**Cement D.**}
1 Cement + 2 Normalsand	750 1500	\multicolumn{5}{c}{Für Cement D nicht ermittelt}			8,5	191	225	880	12
1 Cement + 3 Normalsand	550 1650	—	—	—	—	—	8,0	176	180	860	13
1 Cement + 4 Normalsand	500 2000	—	—	—	—	—	7,5	188	180	845	14
—	—	—	—	—	—	—	—	—	—	—	—
55 Cement + 45 Traß + 200 Normalsand	440 360 1600	—	—	—	—	—	9,75	234	225	880	16
55 Cement + 45 Traß + 300 Normalsand	330 270 1800	—	—	—	—	—	9,0	216	225	880	19
55 Cement + 45 Traß + 400 Normalsand	275 225 2000	—	—	—	—	—	8,25	206	180	860	22
67 Cement + 33 Traß + 200 Normalsand	536 264 1600	—	—	—	—	—	9,5	228	225	880	25
67 Cement + 33 Traß + 400 Normalsand	335 165 2000	—	—	—	—	—	8,75	219	180	860	28
55 Cement + 45 Feinsand + 200 Normalsand	440 360 1600	—	—	—	—	—	7,75	186	225	880	31
55 Cement + 45 Feinsand + 400 Normalsand	275 225 2000	—	—	—	—	—	7,25	181	180	860	34

*) Zur Füllung der Hohlräume.

Der Mörtel brauchte in allen Mischungen, um Körper von normaler Feuchtigkeit zu liefern (d. h. solche, die nach etwa 100 Schlägen des Hammerapparates Wasser absonderten) weniger Wasser, als zur Füllung der Hohlräume des fest eingerüttelten trockenen Gemisches rechnungsmäßig nothwendig gewesen wäre.

Gesetzmäßige Beziehungen zwischen den in Procenten der trockenen Mischung ausgedrückten rechnungsmäßig bestimmten Hohlräumen des Mörtelgemisches und den versuchsmäßig gefundenen Wasserzusätzen ließen sich nicht erkennen. Es liegt dies zum Theil daran, daß das trockene Gemisch sich durch das Rütteln im Litergefäß wahrscheinlich nicht zum größten Dichtigkeitsgrad des Haufwerkes bringen läßt, was bei den mageren Mörteln in höherem Maße der Fall ist, als bei den fetten.[1]

---

[1] Vergl. Mittheilungen aus den Königlichen technischen Versuchsanstalten 1897. S. 89.

In den Tab. 3 ist in der 2. Spalte die für jede Mischung berechnete Materialmenge in g angegeben, die so bemessen wurde, daß das Gemisch — etwa 2,5 kg trocken — sich in der Mischmaschine gut und gleichmäßig bearbeiten ließ.

Auch sind die zur größeren Bequemlichkeit ausgerechneten Wassermengen für jede Mischung und die Mörtelmengen für jeden Körper angegeben, sodaß auch hierin ein gleichmäßiges Verfahren innegehalten und die Kontrole leicht möglich wurde.

Die Ziffern in der letzten Spalte der Tabellen 3 bedeuten die Reihenfolge, in der die Körper hergestellt wurden.

VIII. Arbeitsordnung.

Als Richtschnur für das Personal in Westerland dienten folgende

Allgemeine Vorschriften
für die Anfertigung und Aufbewahrung von Mörtelproben.

Alle Mischungen von Bindemittel und Sand werden nach Gewichtstheilen vorgenommen.

Bei allen Proben soll zunächst der Cement und der Zuschlag trocken innigst gemischt werden, worauf die Mischung des so hergestellten Bindemittels mit dem Sande und dann erst in der Mischmaschine die Zufügung des Wassers erfolgt.

Die trockene Mischung (jedesmal etwa 2,5 kg) ist in dem Mörtelmischer zu vertheilen, während der ersten Umdrehung ist das erforderliche Wasser zuzusetzen. Als Anmachewasser ist Süßwasser zu verwenden.

Die Wärme des Anmachewassers soll zwischen 15 und 18 C° liegen, die des Erhärtungswassers nicht unter 10 C° herabgehen.

Die Menge des Anmachewassers ist nach Angabe der Versuchsanstalt zu bemessen, welche für jede Mischung den erforderlichen Wasserzusatz vorher ermittelt hat. (Vergl. Tabelle 3.)

Das Mischen erfolgt einheitlich mit 20 Schüsselumdrehungen. Die Schüssel soll acht Umdrehungen in der Minute machen.

Wärme und Feuchtigkeit der Luft sollen während der Herstellung der Probekörper möglichst gleich bleiben.

Alle Körper sind mit 150 Schlägen des Hammerapparates zu rammen.

Für jede Versuchsreihe sind 10 Körper anzufertigen.

Die Anfertigung der einzelnen Reihen ist so vorzunehmen, daß nicht je ein Bindemittel in allen Mischungen hintereinander verarbeitet, sondern daß jede Mörtelmischung mit allen Bindemitteln hintereinander angefertigt wird.

Die in einem besonderen Verzeichniß angegebene Reihenfolge der Mischungen ist nach Möglichkeit inne zu halten.

Jeden Tag sind möglichst 30 Zug- und 30 Druckproben herzustellen. Hiervon sind abwechselnd je 10 Zug- bezw. Druckproben für Süß- bezw. Seewassererhärtung zu wählen. Die für Seewassererhärtung bestimmten Proben sind von den Süßwasserproben durch einen Punkt (·) zu unterscheiden. Im Uebrigen sind die in dem oben erwähnten Verzeichniß angegebenen Bezeichnungsweisen zu wählen[1]).

---

[1]) Die Bezeichnung der Probekörper wurde derartig gewählt, daß aus ihr die Zusammensetzung des Körpers erkennbar war.

Z. B. Körper aus 1 Cement A + 2 Normalsand = A_2
" " 1 " B + 3 " = B_3
" " 1 " C + 4 Rohsand = $C_4 R$
" " 52 " A + 48 Traß + 200 Normalsand = $A_2 T$
" " 55 " D + 45 " + 300 " = $D_3 T$
" " 65 " A + 35 " + 200 • " = $A_2 d$
" " 52 " + 48 Feinsand + 200 • " = $A_2 S$
u. s. w.

Das Raumgewicht der Versuchskörper ist mindestens durch gemeinsame Wägung der je 10 zusammengehörigen Versuchskörper nach 7 Tagen und 1 Jahr zu ermitteln. Dabei wird vorausgesetzt, daß die Proben äußerlich unverändert bleiben. Sollte dies nicht der Fall sein, so sind die sich äußerlich zeigenden Beschädigungen für jede Reihe sorgfältig zu protokolliren.

Die Probekörper sind 24 Stunden in feuchter Luft zu lagern; die Druckkörper sollen während dieser Zeit in der Form bleiben. Die Zugkörper werden etwa 20 Minuten nach dem Einschlagen entformt.

Alle Probekörper kommen nach 24 Stunden 6 Tage lang in Süß- bezw. Seewasser im Laboratorium. Die Wärme der Herstellungs- und Aufbewahrungsräume ist täglich zweimal zu messen. (Vergl. Tabelle 1.) Nach 7 Tagen kommen die Körper, welche im Seewasser erhärten sollen, nach Munkmarsch. Für den Transport und die Unterbringung der Proben werden besondere Bestimmungen getroffen.

Alle Probekörper bis zu 90 Tagen sind im Laboratorium zu Westerland, die Jahresproben und die älteren Proben in der Versuchsanstalt zu prüfen. Letztere sind 8 Tage vor dem Prüfungstermin unter Aufsicht des bauleitenden Beamten in feuchtem Sägemehl verpackt nebst den Prüfungsprotokollen an die Versuchsanstalt einzusenden.

Alle zerrissenen Zugproben sollen aufbewahrt werden.

Von jedem Cement ist zunächst sofort nach dem Oeffnen der Büchse und später alle 14 Tage die Bindezeit zu bestimmen.

IX. Ergebnisse der Versuche.
A. Eigenschaften der Mörtelstoffe.
1. Cemente.
Chemische Zusammensetzung.

Auf den wasser- und kohlensäurefreien Zustand berechnet enthalten die Portland-Cemente

	A	B	C	D
In Salzsäure unlösliche Bestandtheile	0,84	0,60	0,91	0,57
Kieselsäure	22,66	21,76	20,32	21,09
Thonerde	4,24	7,55	8,52	7,82
Eisenoxyd	2,03	2,29	3,18	2,30
Kalk	65,93	63,69	62,17	64,70
Magnesia	1,23	1,07	1,95	
Alkalien	1,38	1,31	1,52	
Schwefelsäure	1,48	1,54	1,26	
Phosphorsäure	0,18	0,17	0,17	
Schwefelcalcium	Spuren	Spuren	—	

Tabelle 4. **Raumgewichte, specifisches Gewicht, Dichtigkeitsgrad, Glühverlust.**

Portland-Cement	Gewicht eines Liters		Spec.*) Gewicht s	Dichtigkeitsgrad $b = \dfrac{R_r}{s}$	Undichtigkeitsgrad $u = 1-b$	Glühverlust %
	eingelaufen R_r	eingerüttelt R_r				
A	1,226	1,936	3,195	0,606	0,394	1,76
B	1,252	2,006	3,195	0,628	0,372	1,69
C	1,255	2,005	3,194	0,622	0,378	3,25
D	1,264	2,004	3,192	0,628	0,372	1,15

*) Auf dem Gebläse geglüht.

Raumbeständigkeit.

Der Cemente	Normenprobe	Kochprobe	Darrprobe	Glühprobe
A	bestanden	starke Warzen	Warzen	bestanden
B	bestanden	bestanden	bestanden	bestanden
C	bestanden *)	netzrissig, Warzen	Warzen	bestanden
D	bestanden	bestanden	einzelne Warzen	bestanden

*) Zahlreiche Warzen.

Tabelle 5. **Abbindezeit.**

Tag der Prüfung	Wasser-zusatz %	Feuch-tigkeit der Luft %	Wärme der Luft C°	Wärme des Wassers C°	Wärme des Cements C°	Wärme-erhö-hung C°	Erhär-tungs-anfang Stb. Min.		Ab-binde-zeit Stb. Min.		Bemerkungen.

Cement A.

Tag	Wz	Fl	WL	WW	WC	WE	Ea-h	Ea-m	Ab-h	Ab-m	Bem
5. 4. 98	26,2	70	18,5	16,5	—	1,8	4	—	8	—	Durchschnittsprobe n. Oeffnen b. Fässer
13. 6. 98	26,2	88	17,4	18,0	15,2	1,5	4	—	8	—	Büchse geöffnet am 13. 6. 98.
27. 6. 98	26,2	93	17,2	17,5	17,0	1,5	4	—	8	—	Büchse geöffnet am 15. 6. 98.
15. 7. 98	26,2	89	16,3	16,5	16,5	1,8	4	—	8	—	
1. 8. 98	26,2	85	16,0	15,7	16,2	2,0	4	15	8	15	Büchse geöffnet am 26. 7. 98.
20. 8. 98	26,2	83	20,4	17,5	17,2	3,0	2	30	7	15	Büchse geöffnet am 9. 8. 98.
1. 9. 98	26,2	85	16,5	16,5	16,5	2,0	3	45	7	45	Büchse geöffnet am 29. 8. 98.

Cement B.

Tag	Wz	Fl	WL	WW	WC	WE	Ea-h	Ea-m	Ab-h	Ab-m	Bem
7. 4. 98	27,8	58	19,0	16,5	—	1,5	—	30	1	20	Durchschnittsprobe n. Oeffnen b. Fässer
21. 4. 98	27,8	77	16,5	16,3	16,5	13,5	—	—	—	15	Der Cement hatte 14 Tage offen an der Luft gestanden.
5. 5. 98	27,8	85	17,2	17,3	19,0	11,3	—	10	—	15	
20. 6. 98	27,8	84	18,3	17,2	18,3	8,3	—	8	—	18	Büchse geöffnet am 20. 6. 98.
7. 7. 98	27,8	88	17,2	16,5	17,0	8,5	—	10	—	15	Büchse geöffnet am 4. 7. 98.

Cement C.

Tag	Wz	Fl	WL	WW	WC	WE	Ea-h	Ea-m	Ab-h	Ab-m	Bem
22. 4. 98	27,5	74	16,5	16,5	16,8	12,1	—	1	—	10	Durchschnittsprobe n. Oeffnen b. Fässer
21. 5. 98	27,5	92	18,0	17,8	17,8	11,8	—	3	—	10	
16. 6. 98	27,5	88	17,5	16,5	17,8	7,5	—	2	—	15	Büchse geöffnet am 16. 6. 98.
1. 7. 98	27,5	86	18,5	17,5	18,0	7,0	—	2	—	7	Büchse geöffnet am 25. 6. 98.
20. 7. 98	27,5	91	17,5	16,5	17,5	6,8	—	2	—	12	Büchse geöffnet am 20. 7. 98.
6. 8. 98	27,5	95	18,3	16,0	17,3	5,8	—	2	—	10	Büchse geöffnet am 3. 8. 98.
20. 8. 98	27,5	86	18,5	17,0	17,6	6,0	—	2	—	10	Büchse geöffnet am 13. 8. 98.

Cement D.

Tag	Wz	Fl	WL	WW	WC	WE	Ea-h	Ea-m	Ab-h	Ab-m	Bem
24. 8. 98	28,0	90	21,5	21	21,5	1,5	4	30	7	30	Durchschnittsprobe n. Oeffnen b. Fässer
6. 9. 98	27,0	93	17,8	17,2	17,5	2,2	2	30	8	30	Büchse geöffnet am 6. 9. 98.
20. 9. 98	27,0	94	17,7	17,5	17,5	2,4	2	30	8	30	Büchse geöffnet am 16. 9. 98.

Bericht über das Verhalten hydraulischer Bindemittel im Seewasser.

Tabelle 6. **Siebfeinheit.**

Portland-Cement	Siebrückstände					
	Siebe mit Maschen für 1 qcm	240	324	600	900	5000
A.	Gesammt-Rückstand auf den Sieben; Procent			0,0	0,2	1,5	20
	Rückstand zwischen je 2 Sieben; Procent .			0,2	1,3	18,5	80
B.	Gesammt-Rückstand auf den Sieben; Procent				0,0	0,6	20
	Rückstand zwischen je 2 Sieben; Procent .				0,6	19,4	80
C.	Gesammt-Rückstand auf den Sieben; Procent				0,0	0,2	16
	Rückstand zwischen je 2 Sieben; Procent .				0,2	15,8	84
D.	Gesammt-Rückstand auf den Sieben; Procent			0,0	0,2	1,1	23
	Rückstand zwischen je 2 Sieben; Procent .		0,0	0,2	0,9	21,9	77

Tabelle 7. **Raumgewichte der Normenproben und Normenfestigkeit.**

Marke	Mischung in Gewichtstheilen	1 Cement + 3 Normalsand					
		7 Tage alt			28 Tage alt		
A.	Wasserzusatz	9¼%			9¼%		
	Mittl. Raumgew. 24 Std. nach dem Einschlagen	für {Zugprobekörper: 2,289 / Druckprobekörper: 2,223}			für {Zugprobekörper: 2,289 / Druckprobekörper: 2,223}		
	Festigkeit kg/qcm	Zug	Druck	$\frac{Zug}{Druck}$	Zug	Druck	$\frac{Zug}{Druck}$
	höchste	23,1	181	—	28,9	258	—
	kleinste	18,0	170	—	24,7	239	—
	Mittel aus 10 Versuchen	**20,0**	**176**	$\frac{1}{8,8}$	**27,3**	**248**	$\frac{1}{9,1}$
B.	Wasserzusatz	9¼%			9¼%		
	Mittl. Raumgew. 24 Std. nach dem Einschlagen	für {Zugprobekörper: 2,289 / Druckprobekörper: 2,217}			für {Zugprobekörper: 2,289 / Druckprobekörper: 2,217}		
	Festigkeit kg/qcm	Zug	Druck	$\frac{Zug}{Druck}$	Zug	Druck	$\frac{Zug}{Druck}$
	höchste	20,6	126	—	25,3	186	—
	kleinste	13,7	109	—	21,3	178	—
	Mittel aus 10 Versuchen	**17,6**	**118**	$\frac{1}{6,7}$	**23,6**	**181**	$\frac{1}{7,7}$

Marke	Mischung in Gewichtstheilen	1 Cement + 3 Normalsand					
		7 Tage alt			28 Tage alt		
C.	Wasserzusatz	10 %			10 %		
	Mittl. Raumgew. 24 Std. nach dem Einschlagen	für { Zugprobekörper: 2,303 Druckprobekörper: 2,220			für { Zugprobekörper: 2,303 Druckprobekörper: 2,220		
	Festigkeit kg/qcm	Zug	Druck	Zug/Druck	Zug	Druck	Zug/Druck
	höchste	19,2	141	—	25,7	211	—
	kleinste	11,3	128	—	19,0	193	—
	Mittel aus 10 Versuchen	**15,6**	**134**	$\frac{1}{8,6}$	**21,6**	**201**	$\frac{1}{9,3}$
D.	Wasserzusatz	9 %			9 %		
	Mittl. Raumgew. 24 Std. nach dem Einschlagen	für { Zugprobekörper: 2,274 Druckprobekörper: 2,206			für { Zugprobekörper: 2,274 Druckprobekörper: 2,206		
	Festigkeit kg/qcm	Zug	Druck	Zug/Druck	Zug	Druck	Zug/Druck
	höchste	23,3	145	—	25,2	218	—
	kleinste	17,3	124	—	22,0	188	—
	Mittel aus 10 Versuchen	**20,4**	**138**	$\frac{1}{6,8}$	**23,7**	**204**	$\frac{1}{8,6}$

Nach den vorstehend wiedergegebenen Eigenschaften kennzeichnen sich die Cemente als normale Handelscemente von guten Festigkeitseigenschaften und von feiner Mahlung. Der Umstand, daß die Cemente (mit Ausnahme des später ausgeschiedenen Cementes B) die sogenannten beschleunigten Raumbeständigkeitsproben nicht alle bestanden haben, ist nicht von Belang, da nach den bisher gemachten Erfahrungen die beobachteten Erscheinungen keinen Hinderungsgrund für die praktische Verwendung derartiger Cemente zu Bauzwecken bilden.

Auf welche Ursachen die besonders starke Neigung zur Warzenbildung bei dem Cemente C zurückzuführen ist, wurde nicht festgestellt.

In wie weit die Cemente A, C und D in ihren chemischen Eigenschaften den im Arbeitsplan gestellten Anforderungen genügen, ist bereits weiter vorn (S. 11 und 12) erörtert worden.

2. Zuschlagsstoffe.

Chemische Zusammensetzung des Trasses.[1]

a) Bauschanalyse.

Kieselsäure	54,85 %	Natron	4,85 %
Titansäure	0,49 „	Schwefelsäure	0,13 „
Thonerde	16,83 „	Phosphorsäure	0,11 „
Eisenoxyd	3,24 „	Wasser { hygroskopisches bei 100 C° entweichend	4,11 „
Eisenoxydul	0,98 „		
Kalk	2,21 „		
Magnesia	1,50 „	chemisch gebundenes über 100 C° entweichend	6,32 „
Kali	4,59 „		

[1] Die chemische Analyse des Trasses wurde in der chemisch-technischen Versuchsanstalt ausgeführt.

b) Behandlung mit Salzsäure.

In Salzsäure Unlösliches	setzt sich ab aus Wasser von einer senkrechten Geschwindigkeit von 2 mm (Sand)	16,0 %
	setzt sich nicht aus Wasser von einer senkrechten Geschwindigkeit von 2 mm (Thon und Staubsand)	42,32 „
In Salzsäure Lösliches	Kieselsäure	6,44 „
	Thonerde	11,79 „
	Eisenoxyd	2,99 „
	Eisenoxydul	0,53 „
	Manganoxydul	0,12 „
	Kalk	1,19 „
	Magnesia	0,37 „
	Kali	3,20 „
	Natron	4,49 „
	Schwefelsäure	0,07 „
	Phosphorsäure	0,11 „
	Kohlensäure	0,18 „
	Wasser { hygroskopisches, unter 120 C° entweichend	3,64 „
	{ chemisch gebundenes, über 120 C° entweichend . .	6,58 „

Die Bestimmung des Wassergehaltes des Trasses (Trocknung bei 100 C°) in der Königlichen mechanisch-technischen Versuchsanstalt ergab folgende etwas abweichende Werthe:

Hygroskopisches Wasser 2,49
Hydratwasser . . . 8,47 } bestimmt an Durchschnittsproben im Mittel aus je 2 Versuchen.
Glühverlust 10,74

Tabelle 8. **Siebfeinheit von Traß und Feinsand.**

Zwischen den Sieben von	Traß			Quarzsand III gröbere Mahlung			Quarzsand I feinere Mahlung			Quarzsand-Gemisch $\frac{III + I}{2}$		
	Versuch 1	Versuch 2	Mittel	Versuch 1	Versuch 2	Mittel	Versuch 1	Versuch 2	Mittel	Versuch 1	Versuch 2	Mittel
$\frac{600}{900}$	0,2	0,4	0,3	0,0	0,0	0,0	0,0	0,0	0,0	0,0	0,0	0,0
$\frac{900}{2500}$	26,2	26,0	26,1	52,0	53,0	52,5	2,0	3,6	2,8	26,0	26,0	26,0
$\frac{2500}{5000}$	5,2	5,4	5,3	8,0	7,0	7,5	1,6	1,2	1,4	4,0	4,0	4,0
$\frac{5000}{10000}$	10,4	10,8	10,6	10,0	11,0	10,5	8,4	10,2	9,3	8,0	8,0	8,0
$\frac{10000}{-\infty}$	58,0	57,4	57,7	30,0	29,0	29,5	88,0	85,0	86,5	62,0	62,0	62,0

Tabelle 9. **Raumgewichte.**

	Gewicht eines Liters		Spec. Gewicht s	Dichtig-keitsgrad $b = \frac{R_r}{s}$	Undichtig-keitsgrad $u = 1 - b$
	eingelaufen R_f	eingerüttelt R_r			
Traß . . .	0,843	1,376	2,334	0,590	0,410
Feinsand . .	1,101	1,833	2,649	0,692	0,308

3. Sande.

Chemische Zusammensetzung.

                                                Feinsand   Normalsand   Rohsand

Rückstand nach der Behandlung mit Fluorwasserstoffsäure und Schwefelsäure   0,24 %   0,44 %   2,7 %

Die Rückstände bestehen zu etwa $^3/_4$ Theilen aus Thonerde mit etwas Eisenoxyd, der Rest aus schwefelsauren Alkalien und alkalischen Erden, herrührend von Glimmer, Feldspath und Augit.

Mechanische Zusammensetzung.

Der Normalsand ist ein reiner Quarzsand mit etwa 0,06 % abschlämmbaren Bestandtheilen und sehr geringen organischen Beimengungen.

Der Rohsand ist im wesentlichen reiner scharfer Quarzsand mit geringen Beimengungen von Braunkohle, Thon und Eisenoxyd und durchsetzt von schluffigen Adern. Er wurde so verwendet, wie er aus der Grube kam.

Tabelle 10. **Siebfeinheit.**

Sand	Siebrückstände									
	Siebe mit Maschen für 1 qcm	4	9	20	60	81	120	240	600	900
Normal-sand	Gesammt-Rückstand auf den Sieben; %			—	0,0	24,5	82,0	99,7	—	—
	Rückstand zwischen je 2 Sieben; % .			—	24,5	57,5	17,7	0,3	—	
Rohsand	Gesammt-Rückstand auf den Sieben; %	0,0	1	5	19	31	44	67	77	86
	Rückstand zwischen je 2 Sieben; % .		1	4	14	12	13	23	10	9	14

Tabelle 11. **Raumgewichte.**

Sand	Gewicht eines Liters		Spec. Gewicht s	Dichtig-keitsgrad $b = \frac{R_r}{s}$	Undichtig-keitsgrad $u = 1 - b$
	eingelaufen R_f	eingerüttelt R_r			
Normalsand .	1,405	1,680	2,673	0,629	0,371
Rohsand . . .	1,613	1,906	2,655	0,718	0,282

B. Eigenschaften der Mörtelkörper.

Tabelle 12.

a) Raumgewichte der aus dem Cemente B hergestellten Probekörper.

Erhärtungs-art	Mittleres Raumgewicht (aus je 10 Körpern)								
	der Zugproben nach					der Druckproben nach			
	24 Stunden	7 Tagen	28 Tagen	3 Monaten	1 Jahr	24 Stunden	7 Tagen	28 Tagen	3 Monaten	1 Jahr
1 Cement + 2 Normalsand									
Süßwasser	—	2,551	—	2,551	2,551	—	2,355	—	2,369	2,370
Seewasser	—	2,536	—	2,580	2,565	—	2,355	—	2,377	2,389
1 Cement + 3 Normalsand									
Süßwasser	—	2,405	2,405	2,434	2,420	—	2,248	2,262	2,270	2,213
Seewasser	—	2,405	2,420	2,449	2,449	—	2,251	2,273	2,290	2,304
1 Cement + 4 Normalsand									
Süßwasser	—	2,303	2,303	2,318	2,318	—	2,169	2,166	2,180	2,166
Seewasser	—	2,303	2,303	2,318	2,318	—	2,169	2,177	2,197	2,203

Tabelle 13.

b) Festigkeiten der aus dem Cemente B hergestellten Probekörper.

Erhärtungsart	Zugfestigkeit kg/qcm nach				Druckfestigkeit kg/qcm nach			
	7 Tagen	28 Tagen	3 Monaten	1 Jahr	7 Tagen	28 Tagen	3 Monaten	1 Jahr
1 Cement + 2 Normalsand								
Süßwasser	28,7	38,0	46,2	50,1	189	266	379	458
Seewasser	30,4	31,9	30,7	32,5	196	283	369	393
1 Cement + 3 Normalsand								
Süßwasser	17,7	23,8	33,2	37,4	110	181	256	305
Seewasser	19,7	24,6	29,7	29,4	118	175	234	258
1 Cement + 4 Normalsand								
Süßwasser	14,3	17,3	23,1	24,6	86	126	192	228
Seewasser	13,2	17,6	20,7	22,5	86	123	169	171

Tabelle 14. **Raumgewichte der aus den Cementen A, D und C hergestellten Probekörper.**
Cement A.

Erhärtungs- art	Mittleres Raumgewicht (aus je 10 Körpern)									
	der Zugproben nach					der Druckproben nach				
	24 Stunden	7 Tagen	28 Tagen	3 Monaten	1 Jahr	24 Stunden	7 Tagen	28 Tagen	3 Monaten	1 Jahr
1 Cement + 2 Normalsand										
Süßwasser	—	2,551	—	2,566	2,551	—	2,349	—	2,375	2,377
Seewasser	—	2,536	—	2,580	2,566	—	2,346	—	2,386	2,408
1 Cement + 3 Normalsand										
Süßwasser	—	2,405	2,391	2,420	2,405	—	2,254	2,262	2,270	2,279
Seewasser	—	2,405	2,420	2,449	2,449	—	2,254	2,270	2,296	2,310
1 Cement + 4 Normalsand										
Süßwasser	—	2,274	2,274	2,303	2,303	—	2,155	2,172	2,180	2,180
Seewasser	—	2,274	2,303	2,332	2,318	—	2,163	2,189	2,200	2,192
1 Cement + 4 Rohsand										
Süßwasser	—	2,434	2,449	2,449	2,362	—	2,287	2,296	2,299	2,304
Seewasser	—	2,434	2,464	2,493	2,464	—	2,290	2,301	2,321	2,344
1 Bindemittel (52 Cement + 48 Traß) + 2 Normalsand										
Süßwasser	2,376	2,405	2,405	2,405	2,391	2,235	2,254	2,256	2,265	2,262
Seewasser	2,376	2,420	2,420	2,434	2,420	2,236	2,265	2,265	2,273	2,270
1 Bindemittel (52 Cement + 48 Traß) + 3 Normalsand										
Süßwasser	2,303	2,347	2,362	2,362	2,362	2,179	2,203	2,217	2,228	2,214
Seewasser	2,320	2,376	2,376	2,391	2,362	2,180	2,217	2,225	2,234	2,223
1 Bindemittel (52 Cement + 48 Traß) + 4 Normalsand										
Süßwasser	2,227	2,274	2,274	2,303	2,274	2,101	2,135	2,146	2,158	2,161
Seewasser	2,228	2,274	2,289	2,303	2,303	2,100	2,152	2,158	2,166	2,161
1 Bindemittel (65 Cement + 35 Traß) + 2 Normalsand										
Süßwasser	2,405	—	2,449	2,449	—	2,265	—	2,293	2,310	—
Seewasser	2,405	—	2,478	2,478	—	2,265	—	2,307	2,318	—
1 Bindemittel (65 Cement + 35 Traß) + 4 Normalsand										
Süßwasser	2,230	—	2,303	2,289	—	2,110	—	2,155	2,161	—
Seewasser	2,230	—	2,303	2,303	—	2,110	—	2,172	2,177	—
1 Bindemittel (52 Cement + 48 Feinsand) + 2 Normalsand										
Süßwasser	2,464	2,478	2,493	2,493	2,493	2,327	2,344	2,349	2,358	2,363
Seewasser	2,464	2,493	2,507	2,522	2,507	2,329	2,361	2,363	2,383	2,383
1 Bindemittel (52 Cement + 48 Feinsand) + 4 Normalsand										
Süßwasser	2,227	2,274	2,274	2,289	2,274	2,108	2,141	2,158	2,169	2,158
Seewasser	2,227	2,274	2,289	2,303	2,303	2,107	2,155	2,163	2,172	2,166

Cement D.

Erhärtungs-art	Mittleres Raumgewicht (aus je 10 Körpern)									
	der Zugproben nach					der Druckproben nach				
	24 Stunden	7 Tagen	28 Tagen	3 Monaten	1 Jahr	24 Stunden	7 Tagen	28 Tagen	3 Monaten	1 Jahr
1 Cement + 2 Normalsand										
Süßwasser	2,471	2,522	2,522	2,536	2,522	2,298	2,324	2,346	2,349	2,352
Seewasser	2,473	2,522	2,522	2,536	2,536	2,297	2,321	2,344	2,346	2,377
1 Cement + 3 Normalsand										
Süßwasser	2,340	2,391	2,405	2,420	2,405	2,203	2,239	2,254	2,265	2,268
Seewasser	2,342	2,405	2,405	2,434	2,420	2,203	2,245	2,262	2,276	2,299
1 Cement + 4 Normalsand										
Süßwasser	2,223	2,259	2,303	2,303	—	2,093	2,149	2,163	2,177	2,172
Seewasser	2,227	2,274	2,303	2,303	—	2,092	2,158	2,186	2,192	2,175
1 Cement + 4 Rohsand										
Süßwasser	—	—	—	—	—	—	—	—	—	—
Seewasser	—	—	—	—	—	—	—	—	—	—
1 Bindemittel (55 Cement + 45 Traß) + 2 Normalsand										
Süßwasser	2,383	2,420	2,420	2,434	2,434	2,225	2,248	2,262	2,273	2,279
Seewasser	2,380	2,420	2,434	2,434	2,420	2,225	2,248	2,262	2,270	2,282
1 Bindemittel (55 Cement + 45 Traß) + 3 Normalsand										
Süßwasser	2,323	2,347	2,362	2,376	2,376	2,170	2,194	2,208	2,217	2,217
Seewasser	2,325	2,362	2,362	2,376	2,376	2,171	2,203	2,211	2,211	2,217
1 Bindemittel (55 Cement + 45 Traß) + 4 Normalsand										
Süßwasser	2,208	2,259	2,274	2,289	2,289	2,088	2,130	2,141	2,115	2,144
Seewasser	2,208	2,259	2,274	2,289	2,289	2,089	2,130	2,144	2,149	2,155
1 Bindemittel (67 Cement + 33 Traß) + 2 Normalsand										
Süßwasser	—	—	2,449	2,478	—	—	—	2,285	2,293	—
Seewasser	—	—	2,449	2,478	—	—	—	2,282	2,290	—
1 Bindemittel (67 Cement + 33 Traß) + 4 Normalsand										
Süßwasser	—	—	2,303	2,318	—	—	—	2,166	2,163	—
Seewasser	—	—	2,303	2,332	—	—	—	2,163	2,172	—
1 Bindemittel (55 Cement + 45 Feinsand) + 2 Normalsand										
Süßwasser	2,464	2,478	2,478	2,493	2,478	2,293	2,327	2,327	2,335	2,335
Seewasser	2,464	2,493	2,493	2,507	2,493	2,293	2,330	2,321	2,324	2,358
1 Bindemittel (55 Cement + 45 Feinsand) + 4 Normalsand										
Süßwasser	2,201	2,245	2,274	2,289	2,259	2,079	2,132	2,149	2,155	2,155
Seewasser	2,201	2,259	2,289	2,303	2,274	2,079	2,135	2,155	2,172	2,163

Cement C.

Erhärtungs-art	Mittleres Raumgewicht (aus je 10 Körpern)									
	der Zugproben nach					der Druckproben nach				
	24 Stunden	7 Tagen	28 Tagen	3 Monaten	1 Jahr	24 Stunden	7 Tagen	28 Tagen	3 Monaten	1 Jahr
1 Cement + 2 Normalsand										
Süßwasser	—	2,536	—	2,551	2,551	—	2,372	—	2,389	2,392
Seewasser	—	2,536	—	2,580	2,551	—	2,376	—	2,406	2,417
1 Cement + 3 Normalsand										
Süßwasser	—	2,420	2,420	2,434	2,420	—	2,265	2,273	2,279	[2,017]
Seewasser	—	2,420	2,434	2,464	2,449	—	2,268	2,285	2,299	[2,034]
1 Cement + 4 Normalsand										
Süßwasser	—	2,289	2,303	2,318	2,332	—	2,163	2,192	2,203	2,214
Seewasser	—	2,289	2,318	2,347	2,318	—	2,183	2,197	2,189	2,208
1 Cement + 4 Rohsand										
Süßwasser	—	2,449	2,464	2,464	2,478	—	2,287	2,287	2,290	2,313
Seewasser	—	2,434	2,478	2,478	2,493	—	2,290	2,296	2,321	2,346
1 Bindemittel (60 Cement + 40 Traß) + 2 Normalsand										
Süßwasser	—	2,420	2,420	2,420	2,420	—	2,270	2,276	2,285	2,287
Seewasser	—	2,420	2,434	2,449	2,434	—	2,270	2,285	2,287	2,287
1 Bindemittel (60 Cement + 40 Traß) + 3 Normalsand										
Süßwasser	2,333	2,376	2,376	2,391	2,391	2,197	2,223	2,231	2,239	2,242
Seewasser	2,332	2,376	2,405	2,405	2,391	2,195	2,239	2,242	2,251	2,248
1 Bindemittel (60 Cement + 40 Traß) + 4 Normalsand										
Süßwasser	2,226	2,289	2,289	2,318	2,303	2,110	2,146	2,158	1,163	2,166
Seewasser	2,223	2,303	2,303	2,318	2,318	2,110	2,161	2,172	2,166	2,177
1 Bindemittel (70 Cement + 30 Traß) + 2 Normalsand										
Süßwasser	2,420	—	2,449	2,449	—	2,270	—	2,307	2,307	—
Seewasser	2,420	—	2,478	2,478	—	2,270	—	2,316	2,318	—
1 Bindemittel (70 Cement + 30 Traß) + 4 Normalsand										
Süßwasser	2,245	—	2,303	2,318	—	2,127	—	2,166	2,177	—
Seewasser	2,245	—	2,318	2,332	—	2,127	—	2,177	2,183	—
1 Bindemittel (60 Cement + 40 Feinsand) + 2 Normalsand										
Süßwasser	2,467	2,493	2,507	2,522	2,507	2,325	2,349	2,355	2,366	2,372
Seewasser	2,470	2,507	2,507	2,536	2,507	2,325	2,361	2,363	2,377	2,369
1 Bindemittel (60 Cement + 40 Feinsand) + 4 Normalsand										
Süßwasser	2,230	2,289	2,289	2,303	2,289	2,110	2,144	2,163	2,172	2,169
Seewasser	2,228	2,289	2,303	2,318	2,289	2,110	2,149	2,169	2,180	2,172

Tabelle 15. **Mittelwerthe der Festigkeiten der aus den Cementen A, D und C hergestellten Probekörper.**

Cement A.

Erhärtungsart	Zugfestigkeit kg/qcm nach				Druckfestigkeit kg/qcm nach			
	7 Tagen	28 Tagen	3 Monaten	1 Jahr	7 Tagen	28 Tagen	3 Monaten	1 Jahr
1 Cement + 2 Normalsand								
Süßwasser	37,6	41,8	45,5	50,7	354	462	582	621
Seewasser	36,8	40,6	36,6	42,9	352	441	553	581
1 Cement + 3 Normalsand								
Süßwasser	24,5	27,9	36,0	34,5	210	294	379	441
Seewasser	22,9	28,3	30,1	28,9	207	274	337	368
1 Cement + 4 Normalsand								
Süßwasser	17,1	21,4	26,9	26,2	144	200	266	304
Seewasser	16,6	20,6	24,8	23,6	140	185	235	248
1 Cement + 4 Rohsand								
Süßwasser	25,1	29,2	36,4	36,9	249	316	410	464
Seewasser	26,4	30,3	30,2	32,3	243	294	357	366
1 Bindemittel (52 Cement + 48 Traß) + 2 Normalsand								
Süßwasser	21,7	35,2	41,9	44,5	168	364	467	514
Seewasser	23,0	44,9	53,2	54,1	182	387	448	493
1 Bindemittel (52 Cement + 48 Traß) + 3 Normalsand								
Süßwasser	15,2	25,1	32,8	36,5	102	230	301	351
Seewasser	18,4	34,6	39,6	37,7	110	250	296	329
1 Bindemittel (52 Cement + 48 Traß) + 4 Normalsand								
Süßwasser	9,0	18,1	23,5	29,5	58	130	189	241
Seewasser	12,3	25,5	30,0	31,3	69	150	186	225
1 Bindemittel (65 Cement + 35 Traß) + 2 Normalsand								
Süßwasser	—	39,5	44,0	—	—	438	558	—
Seewasser	—	45,0	50,7	—	—	446	487	—
1 Bindemittel (65 Cement + 35 Traß) + 4 Normalsand								
Süßwasser	—	18,3	25,2	—	—	156	221	—
Seewasser	—	24,9	27,6	—	—	164	199	—
1 Bindemittel (52 Cement + 48 Feinsand) + 2 Normalsand								
Süßwasser	25,8	34,1	37,3	43,0	245	332	440	512
Seewasser	25,0	35,3	36,9	38,4	244	331	382	426
1 Bindemittel (52 Cement + 48 Feinsand) + 4 Normalsand								
Süßwasser	9,6	14,2	16,5	20,7	71	99	133	168
Seewasser	9,6	14,3	16,6	20,3	70	96	115	135

Cement D.

Erhärtungsart	Zugfestigkeit kg/qcm nach				Druckfestigkeit kg/qcm nach			
	7 Tagen	28 Tagen	3 Monaten	1 Jahr	7 Tagen	28 Tagen	3 Monaten	1 Jahr
1 Cement + 2 Normalsand								
Süßwasser	33,7	38,7	41,3	52,4	279	352	420	454
Seewasser	35,1	40,2	38,2	29,3	283	351	383	402
1 Cement + 3 Normalsand								
Süßwasser	23,3	27,2	33,7	36,9	183	243	295	343
Seewasser	25,2	29,2	29,1	24,1	163	229	279	308
1 Cement + 4 Normalsand								
Süßwasser	17,2	19,6	24,9	27,2	112	154	200	226
Seewasser	16,9	20,2	20,8	18,8	117	148	179	(92)
1 Cement + 4 Rohsand								
Süßwasser	—	—	—	—	—	—	—	—
Seewasser	—	—	—	—	—	—	—	—
1 Bindemittel (55 Cement + 45 Traß) + 2 Normalsand								
Süßwasser	18,7	32,3	40,0	36,3	143	291	406	435
Seewasser	19,8	40,8	47,8	50,0	148	281	385	445
1 Bindemittel (55 Cement + 45 Traß) + 3 Normalsand								
Süßwasser	12,7	21,2	27,2	33,5	78	158	261	306
Seewasser	14,2	28,2	36,0	36,2	88	169	241	299
1 Bindemittel (55 Cement + 45 Traß) + 4 Normalsand								
Süßwasser	10,1	15,0	19,2	25,0	61	107	161	219
Seewasser	9,1	20,4	25,0	25,9	51	116	154	196
1 Bindemittel (67 Cement + 33 Traß) + 2 Normalsand								
Süßwasser	—	35,3	46,2	—	—	311	460	—
Seewasser	—	40,2	52,0	—	—	310	422	—
1 Bindemittel (67 Cement + 33 Traß) + 4 Normalsand								
Süßwasser	—	16,8	22,5	—	—	120	187	—
Seewasser	—	20,1	26,1	—	—	118	176	—
1 Bindemittel (55 Cement + 45 Feinsand) + 2 Normalsand								
Süßwasser	23,3	28,9	35,4	37,4	181	258	353	445
Seewasser	22,6	31,0	36,0	27,3	191	263	312	399
1 Bindemittel (55 Cement + 45 Feinsand) + 4 Normalsand								
Süßwasser	9,6	13,1	17,9	22,7	54	91	123	166
Seewasser	10,1	11,8	14,9	19,1	58	85	99	115

Cement C.

Erhärtungsart	Zugfestigkeit kg/qcm nach				Druckfestigkeit kg/qcm nach			
	7 Tagen	28 Tagen	3 Monaten	1 Jahr	7 Tagen	28 Tagen	3 Monaten	1 Jahr
1 Cement + 2 Normalsand								
Süßwasser	26,4	30,3	36,5	48,7	243	308	407	510
Seewasser	26,1	26,2	27,7	29,9	231	298	367	402
1 Cement + 3 Normalsand								
Süßwasser	19,2	24,0	29,6	31,0	130	196	262	302
Seewasser	18,0	22,9	22,7	23,7	126	186	230	226
1 Cement + 4 Normalsand								
Süßwasser	13,9	16,8	22,4	27,0	103	145	199	245
Seewasser	12,1	15,5	19,6	21,5	98	138	169	181
1 Cement + 4 Rohsand								
Süßwasser	20,4	24,1	31,2	37,1	149	220	311	367
Seewasser	20,7	25,7	25,2	28,4	152	218	268	276
1 Bindemittel (60 Cement + 40 Traß) + 2 Normalsand								
Süßwasser	19,4	29,8	35,9	35,5	137	297	445	489
Seewasser	20,8	41,6	42,9	47,8	143	330	424	474
1 Bindemittel (60 Cement + 40 Traß) + 3 Normalsand								
Süßwasser	13,6	23,2	27,6	33,0	82	183	277	318
Seewasser	14,9	33,1	37,7	43,0	83	214	252	295
1 Bindemittel (60 Cement + 40 Traß) + 4 Normalsand								
Süßwasser	8,0	14,6	18,9	25,3	56	113	174	219
Seewasser	10,3	23,0	26,6	28,3	62	134	167	198
1 Bindemittel (70 Cement + 30 Traß) + 2 Normalsand								
Süßwasser	—	33,6	40,7	—	—	319	440	—
Seewasser	—	42,6	44,9	—	—	338	397	—
1 Bindemittel (70 Cement + 30 Traß) + 4 Normalsand								
Süßwasser	—	16,6	21,5	—	—	127	195	—
Seewasser	—	21,6	28,2	—	—	139	176	—
1 Bindemittel (60 Cement + 40 Feinsand) + 2 Normalsand								
Süßwasser	23,7	27,3	31,5	35,1	179	258	320	394
Seewasser	23,7	26,8	29,9	26,0	185	245	280	303
1 Bindemittel (60 Cement + 40 Feinsand) + 4 Normalsand								
Süßwasser	8,8	12,5	16,2	20,6	60	92	126	164
Seewasser	9,8	13,6	15,0	18,8	62	91	105	127

Tabelle 16. **Verhältnißzahlen.**

Veränderung der Zug- und Druckfestigkeit von Normalsandmischungen der Cemente A, D, C durch Zusätze von Traß und Feinsand zum Bindemittel. Süß- und Seewassererhärtung. Festigkeit der Mischung des reinen Cementes mit Normalsand nach 28 Tagen = 100.

Cement A.

Erhärtungsart	Zugfestigkeit nach				Druckfestigkeit nach			
	7 Tagen	28 Tagen	3 Monaten	1 Jahr	7 Tagen	28 Tagen	3 Monaten	1 Jahr
1 Cement + 2 Normalsand								
Süßwasser	90	100	109	121	77	100	126	134
Seewasser	88	97	88	103	76	95	120	126
1 Cement + 3 Normalsand								
Süßwasser	88	100	129	124	71	100	129	150
Seewasser	82	101	108	104	70	93	115	125
1 Cement + 4 Normalsand								
Süßwasser	80	100	126	122	74	100	136	152
Seewasser	78	96	116	110	70	93	118	125
1 Cement + 4 Rohsand								
Süßwasser	117	136	170	173	128	162	210	232
Seewasser	123	142	141	151	122	147	179	183
1 Bindemittel (52 Cement + 48 Traß) + 2 Normalsand								
Süßwasser	52	84	100	106	36	77	101	112
Seewasser	55	107	127	130	39	84	97	107
1 Bindemittel (52 Cement + 48 Traß) + 3 Normalsand								
Süßwasser	55	90	118	131	35	76	102	120
Seewasser	66	124	142	135	38	85	101	112
1 Bindemittel (52 Cement + 48 Traß) + 4 Normalsand								
Süßwasser	42	85	110	138	30	67	97	121
Seewasser	57	119	140	146	35	75	93	113
1 Bindemittel (65 Cement + 35 Traß) + 2 Normalsand								
Süßwasser	—	95	105	—	—	95	121	—
Seewasser	—	108	121	—	—	97	105	—
1 Bindemittel (65 Cement + 35 Traß) + 4 Normalsand								
Süßwasser	—	86	118	—	—	80	113	—
Seewasser	—	116	129	—	—	82	100	—
1 Bindemittel (52 Cement + 48 Feinsand) + 2 Normalsand								
Süßwasser	62	82	89	103	53	72	95	111
Seewasser	60	84	88	94	53	72	83	92
1 Bindemittel (52 Cement + 48 Feinsand) + 4 Normalsand								
Süßwasser	45	66	77	97	36	51	68	84
Seewasser	45	67	78	95	35	48	58	68

Cement D.

Erhärtungsart	Zugfestigkeit nach				Druckfestigkeit nach			
	7 Tagen	28 Tagen	3 Monaten	1 Jahr	7 Tagen	28 Tagen	3 Monaten	1 Jahr
1 Cement + 2 Normalsand								
Süßwasser	87	100	107	136	79	100	119	129
Seewasser	97	104	99	76	80	100	109	114
1 Cement + 3 Normalsand								
Süßwasser	86	100	124	136	76	100	121	141
Seewasser	93	107	107	89	67	94	115	126
1 Cement + 4 Normalsand								
Süßwasser	88	100	127	138	73	100	127	147
Seewasser	86	103	106	96	76	96	116	60
1 Cement + 4 Rohsand								
Süßwasser	—	—	—	—	—	—	—	—
Seewasser	—	—	—	—	—	—	—	—
1 Bindemittel (55 Cement + 45 Traß) + 2 Normalsand								
Süßwasser	48	83	103	94	41	83	115	124
Seewasser	51	105	124	129	42	80	109	126
1 Bindemittel (55 Cement + 45 Traß) + 3 Normalsand								
Süßwasser	47	78	100	123	32	65	108	126
Seewasser	52	104	132	133	36	70	99	123
1 Bindemittel (55 Cement + 45 Traß) + 4 Normalsand								
Süßwasser	52	77	98	128	40	68	105	142
Seewasser	46	104	128	132	33	75	100	128
1 Bindemittel (67 Cement + 33 Traß) + 2 Normalsand								
Süßwasser	—	91	119	—	—	88	131	—
Seewasser	—	104	134	—	—	88	120	—
1 Bindemittel (67 Cement + 33 Traß) + 4 Normalsand								
Süßwasser	—	86	115	—	—	77	121	—
Seewasser	—	103	133	—	—	77	114	—
1 Bindemittel (55 Cement + 45 Feinsand) + 2 Normalsand								
Süßwasser	60	75	92	96	51	73	100	126
Seewasser	58	80	93	70	54	75	89	113
1 Bindemittel (55 Cement + 45 Feinsand) + 4 Normalsand								
Süßwasser	49	67	91	116	35	59	78	108
Seewasser	52	60	76	97	38	55	64	75

Cement C.

Erhärtungsart	Zugfestigkeit nach				Druckfestigkeit nach			
	7 Tagen	28 Tagen	3 Monaten	1 Jahr	7 Tagen	28 Tagen	3 Monaten	1 Jahr
1 Cement + 2 Normalsand								
Süßwasser	87	100	120	160	79	100	132	166
Seewasser	86	86	91	99	75	97	119	130
1 Cement + 3 Normalsand								
Süßwasser	80	100	123	130	66	100	134	154
Seewasser	75	95	95	99	64	95	117	116
1 Cement + 4 Normalsand								
Süßwasser	83	100	133	161	71	100	137	169
Seewasser	72	92	117	128	68	95	117	125
1 Cement + 4 Rohsand								
Süßwasser	121	143	186	221	102	151	214	252
Seewasser	123	153	150	169	105	150	185	190
1 Bindemittel (60 Cement + 40 Traß) + 2 Normalsand								
Süßwasser	64	98	118	117	45	97	145	159
Seewasser	69	137	142	158	46	107	138	153
1 Bindemittel (60 Cement + 40 Traß) + 3 Normalsand								
Süßwasser	57	97	115	138	42	94	141	162
Seewasser	62	138	157	179	42	109	129	150
1 Bindemittel (60 Cement + 40 Traß) + 4 Normalsand								
Süßwasser	48	87	113	150	38	76	119	151
Seewasser	61	137	158	168	43	92	115	137
1 Bindemittel (70 Cement + 30 Traß) + 2 Normalsand								
Süßwasser	—	111	134	—	—	103	143	—
Seewasser	—	141	148	—	—	110	129	—
1 Bindemittel (70 Cement + 30 Traß) + 4 Normalsand								
Süßwasser	—	99	128	—	—	88	134	—
Seewasser	—	129	168	—	—	96	121	—
1 Bindemittel (60 Cement + 40 Feinsand) + 2 Normalsand								
Süßwasser	78	90	104	116	58	84	104	128
Seewasser	78	88	99	86	60	80	91	98
1 Bindemittel (60 Cement + 40 Feinsand) + 4 Normalsand								
Süßwasser	52	74	96	122	42	63	86	113
Seewasser	58	81	89	112	43	63	72	86

Der besseren Uebersicht wegen sind die in Tabelle 14 enthaltenen Raumgewichte und die in Tabelle 16 enthaltenen Verhältnißzahlen der Festigkeiten zum Theil zeichnerisch aufgetragen worden (vergl. Taf. I—III) und zwar, um nicht zu viele Figuren zu erhalten, die Raumgewichte der Körper aus den Cementen A und D und der Mischungen 1 + 2 und 1 + 4 getrennt für Zugproben und für Druckproben (Fig. 13—16).

Die Festigkeitsänderungen der Mörtel 1 + 2, 1 + 3 und 1 + 4 Normalsand und 1 + 4 Rohsand mit Berücksichtigung der Zusätze von Traß und Feinsand zum Bindemittel sind für alle drei Cemente in den Fig. 17—34 aufgetragen.

Schließlich sind noch in Fig. 35—40 die Quotienten aus Zug- und Druckfestigkeit aller drei Cemente getrennt für Süßwasser- und für Seewassererhärtung eingezeichnet, indem die Länge der Ordinaten die Zugfestigkeit, die Länge der Abcissen die Druckfestigkeit in kg/qcm darstellt.

Die letztere Darstellung war aus folgenden Gründen erwünscht. Der Angriff des Meerwassers erfolgt von der Oberfläche der Körper aus, also von außen nach innen. Die Größe der Veränderung der Zug- und Druckfestigkeit in Folge chemischer Wirkung des Meerwassers ist also von dem Verhältniß der Oberfläche der Körper, den Außenschichten zur Körpermasse abhängig. Dieses Verhältniß ändert sich mit der wachsenden Veränderung der Zugproben wesentlich, und es geben daher die Kurven Aufschluß über das wechselseitige Verhalten der verschiedenen Mischungen bei gleicher Inanspruchnahme der Zug- und der Druckproben.

Zeichenerklärung für Fig. 13—34.

In den Kurven beziehen sich die ausgezogenen Linien auf die Raumgewichte bezw. die verhältnißmäßigen Festigkeitsänderungen bei Süßwassererhärtung, die gestrichelten Linien auf die Raumgewichte bezw. die entsprechenden Festigkeitsänderungen bei Seewassererhärtung.

Die schwarzen Linien beziehen sich auf reinen Cement als Bindemittel des Mörtels.
 „ rothen „ „ „ die Mischung 52 Cement + 48 Traß (A)
           bezw. 55 „ + 45 „ (D)
           bezw. 60 „ + 40 „ (C)
         als Bindemittel des Mörtels.

Die blauen Linien beziehen sich auf die entsprechenden Mischungen von Cement mit Feinsand als Bindemittel.

Die grünen Linien beziehen sich auf die Mischung 65 Cement + 35 Traß (A)
          bezw. 67 „ + 33 „ (D)
          bezw. 70 „ + 30 „ (C)
        als Bindemittel des Mörtels.

In Fig. 19, 22, 31 und 34 gelten die starken schwarzen Linien für die Rohsandmischung 1 + 4.

Zeichenerklärung für Fig. 35—40.

In den Fig. 35—40 bedeutet
 ● Mörtel mit Normalsand,
 ⊙ „ „ Rohsand,
 ∗ „ „ hohem Traßzusatz,
 × „ „ geringerem Traßzusatz,
 △ „ „ Zusatz von Feinsand.

Die rothen Zeichen bedeuten die Mischung 1 + 2, die blauen die Mischung 1 + 3, die schwarzen die Mischung 1 + 4.

X. Endergebniß und Schlußfolgerungen.

Raumgewichte.

Die Raumgewichte aller Körper nehmen mit fortschreitendem Alter bis zu drei Monaten zu und zwar im Seewasser stärker als im Süßwasser. Von drei Monaten Alter bis zu 1 Jahr Alter der Proben scheint eine wesentliche Veränderung des Raumgewichtes der Körper nicht vor sich zu gehen. In einzelnen Versuchsreihen, namentlich der Zugproben scheint eine Verminderung der Raumgewichte (also eine Auslaugung der Körper) im Laufe der Zeit einzutreten und zwar nahezu gleichmäßig im Seewasser wie im Süßwasser. Ob diese Erscheinung fortschreitet, muß die Beobachtung der noch zurückbehaltenen Versuchsreihen ergeben.

Die mageren Mörtel haben sich hinsichtlich der Veränderung der Raumgewichte ganz ähnlich wie die fetten Mörtel verhalten, die Feinsandmörtel ähnlich wie die Traßmörtel. (Vergl. Fig. 13—16 sowie Tab. 14).

Festigkeit.

Vor Besprechung der Festigkeitsergebnisse ist festzustellen, daß die Form der Proben im Seewasser keine Veränderung erlitten hat, daß also mechanische Einflüsse nicht beobachtet wurden; dagegen hatten die Seewasserproben im Vergleich zu den Süßwasserproben eine dunklere Färbung angenommen und waren anscheinend an der Oberfläche härter als im Innern.

Auf die etwaige Wirkung dieser Erscheinung wird weiter unten noch näher eingegangen werden.

Um ein klares Bild über das Ergebniß der Versuche zu gewinnen, sind folgende Fragen zu beantworten:

1. Wie charakterisiren sich die drei Cemente nach ihren Festigkeitseigenschaften und wie verläuft allgemein der Erhärtungsfortgang?
2. Verhalten sich die fetten Mörtel anders als die mageren?
3. Welchen Einfluß hat die Art des Sandes?
4. Verbessern die Zusätze zum Cement den Mörtel?
5. Wirken höhere Traßzusätze günstiger als schwächere?
6. Ist die Wirkung des Trasses chemischen Einflüssen zuzuschreiben; kann Feinsand den Traß ersetzen?
7. Ist das kalkreichste Bindemittel im Seewasser weniger widerstandsfähig, oder sind sonst wesentliche Unterschiede im Verhalten der drei Cemente beobachtet?

Diese Fragen sind wie folgt zu beantworten:

1. Nach ihren Festigkeitseigenschaften sind die drei Cemente unter einander nicht sehr verschieden. Alle drei sind normenmäßige Portland-Cemente. Der kalkreichste Cement A zeichnet sich durch hohe Druckfestigkeiten aus.

Der Erhärtungsverlauf ist bei allen Proben im Süßwasser und im Seewasser ein regelmäßiger. Die Festigkeit schreitet bis zu drei Monaten stetig fort; von da an nimmt sie nur wenig oder gar nicht zu. In einigen Reihen geht die Festigkeit der Seewasserproben nach einem gewissen Alter der Proben zurück und zwar namentlich die Zugfestigkeit der reinen Cementmörtel A und D 1:2, 1:3 und 1:4 Normalsand; die Umkehr scheint in diesen Mischungen schon nach 1 Monat Alter vor sich zu gehen[1]).

Der Cement B, der nur zu den Mischungen 1:2, 1:3 und 1:4 Normalsand verwendet, dann aber von weiteren Versuchen ausgeschlossen wurde, zeigt bis zu 1 Jahr Alter sowohl in Süßwasser wie in Seewasser regelmäßigen Erhärtungsfortgang.

2. Die fetten Normalsandmörtel 1:2 verhalten sich nicht wesentlich anders als die mageren 1:4, abgesehen davon, daß die fetten Mörtel naturgemäß höhere Festigkeiten erreichen als die mageren.

3. Der gemischtkörnige, also weniger Hohlräume in sich schließende Rohsand giebt naturgemäß weit günstigere Festigkeiten als der Normalsand in gleicher Mischung. Im Seewasser schreitet zwar die Festigkeit der Rohsandmörtel nach drei Monaten langsam fort, bleibt aber trotz der großen Dichte der Körper (Tab. 14) sehr erheblich hinter der Festigkeit der Süßwasserproben zurück, die bis zu 1 Jahr Alter noch beträchtlich zunimmt. Besonders deutlich äußert sich dieser Einfluß auf die Druckfestigkeit. Der abschwächende Einfluß des Seewassers ist bei diesen Proben unverkennbar und mit der Zeit sich stärker äußernd, ganz wie bei den reinen Cement=Normalsand=Mischungen.

4. Im Süßwasser setzt der Ersatz des Cementes durch Feinsand oder Traß die Festigkeit der Mörtel — wie zu erwarten — im allgemeinen herab und zwar bei allen drei Cementen annähernd gleich. Nur in den fetten Mischungen der Cemente D und C steigert der geringere Traßzusatz die Festigkeit der Süßwasserproben.

Der stärkere Traßzusatz bewirkt bei den Cementen D und C nur eine erhebliche Steigerung der Druckfestigkeit; diese kommt nach 1 Jahr Alter der Proben bereits den reinen Cementmörteln nahe. Der Feinsand setzt namentlich bei den Mörteln 1:4 die Festigkeit stärker herab als Traß, verschlechtert aber nicht den Erhärtungsfortgang.

Im Seewasser ist bei 7 Tagen Alter der Proben ebenfalls die Zug= und Druckfestigkeit der Mörtel mit Zuschlägen erheblich geringer als die der Mörtel ohne Zuschläge. Schon innerhalb eines Monats überholen indessen die Mörtel mit Traßzuschlag die Zugfestigkeit der reinen Cementmörtel, während die Druckfestigkeit der Traßmörtel noch hinter der der reinen Cementmörtel zurückbleibt, wenn sie ihr auch nach 1 Jahr Alter schon sehr nahe kommt.

Nur die Druckfestigkeit der Traßmörtel des Cementes C ist nach 1 Jahr höher als die der reinen Cementmörtel. (Cement C ist der kalkarme und thonerdereiche Cement).

Die Feinsandmörtel bleiben hinter der Festigkeit der reinen Mörtel zurück, zeigen aber einen stärkeren Erhärtungsfortschritt als diese.

5. So weit man die Frage nach dem Ausfall der 3 Monatsproben beurtheilen kann, wirken die geringeren Traßzuschläge in beiden Wässern günstiger als die stärkeren. Die Wirkung auf die Zugfestigkeit ist eine andere als die auf die Druckfestigkeit. Das Süßwasser wirkt auf die Erhöhung der Druckfestigkeit der Mörtel mit niederen Traßzuschlägen günstiger als das Seewasser, während das Seewasser auf die Zugfestigkeit dieser Mörtel in erhöhtem Maße begünstigend einwirkt. Eine Ausnahme machen die Zugproben der Mörtel 1 + 2 und 1 + 4 des Cementes A (das ist der kalkreichste Cement), auf dessen Zugfestigkeit der höhere Traßzusatz besser wirkt als der niedere. Auch in der Druckfestigkeit scheint diese

---

[1]) Hier sei erwähnt, daß die Vertreter des Vereins deutscher Portland=Cement=Fabrikanten sich gegen die Verwendung des Cementes D zu den Versuchen ausgesprochen hatten. Dr. Michaelis erklärt dem gegenüber den Cement D für einen ganz normalen, völlig einwandsfreien Handelscement.

Neigung vorhanden zu sein, indessen kommt dort voraussichtlich der Einfluß des höheren Traß=
zusatzes erst später zur Wirkung.

6. Die Feinsandmörtel haben zwar im allgemeinen denselben Erhärtungsfortgang wie die Traßmörtel, stehen aber in ihrer Festigkeit soweit hinter diesen zurück, daß der Unterschied zwischen beiden augenfällig und nicht anzunehmen ist, die Wirkung beider Stoffe sei aus= schließlich physikalischer Natur.

In wie weit eine chemische Bindung des Kalkes durch den Traßzusatz vor sich gegangen ist, müßte durch chemische und event. mikroskopische Untersuchung der Probenreste festgestellt werden.

7. Die günstige Wirkung der Traßzuschläge im Seewasser macht sich auf den kalkarmen Cement C stärker geltend, als auf den kalkreichen Cement A[1]).

Im übrigen zeigen die drei Cemente außer den bereits erwähnten keine wesentlichen Unterschiede.

———

Nach vorstehenden Ausführungen ist durch diese Vorversuche der Beweis erbracht, daß es[2]) möglich ist, durch Zusätze von Traß innerhalb gewisser Grenzen zu Portland=Cementen diese für die Benutzung im Seewasser geeigneter zu machen.

Wie weit diese Grenzen bei Cementen verschiedener Herkunft zu stecken sind, müßte durch besondere Versuchsreihen im Großen und mit langen Beobachtungszeiten ermittelt werden, weil Versuche mit kleinen Körpern nicht immer einen sicheren Schluß auf das Verhalten großer Blöcke zulassen.

———

Im Anschluß an die Versuche sei gestattet, auf die in Figur 35—40 deutlich in die Erscheinung tretende Aenderung des Verhältnisses von Zug und Druck etwas näher einzugehen, die auch aus Fig. 41 Taf. III ersichtlich ist, welche die zwanglos gezogenen Ausgleichslinien der einzelnen Versuchsgruppen in Fig. 35—40 enthält.

Die schwarzen Linien beziehen sich auf Seewasserproben mit Traßzusatz, die rothen auf Seewasserproben ohne Traßzusatz. Die Ausgleichslinien für Süßwasserproben mit und ohne Traßzusatz fallen zusammen und werden durch die blauen Linien dargestellt. Die Kurven, welche die Seewasserproben ohne Traßzusatz bilden, fallen im wesentlichen mit denen der Süßwasserproben zusammen, haben aber die Neigung, mit zunehmendem Alter nach unten abzuweichen; das Verhältniß Zug : Druck wird also bei den Seewasserproben mit zu= nehmendem Alter kleiner als bei den Süßwasserproben. Die Seewasserproben mit Traßzusatz bilden Kurven, die sich von denen der anderen Probekörper scharf abzweigen. Das Verhältniß Zug : Druck der Seewasserproben mit Traß ist verhältnißmäßig hoch.

Vergleicht man die Verhältniß=Kurven der drei chemisch so weit wie möglich verschiedenen Cemente unter sich, so findet man, daß sie in allen drei Versuchsgruppen von einander ab=

---

[1]) Herr Dr. Goslich hält es im Gegensatz zu den übrigen Kommissionsmitgliedern für nothwendig, hinzu= zufügen, „daß nach Michaelis' Theorie gerade der kalkreichere Cement A eines größeren Traßzusatzes bedarf, als die kalkärmeren Cemente C und D."

[2]) Hier hat in der ursprünglichen Fassung des Kommissionsbeschlusses das Wort: „vielleicht" gestanden, ist aber auf Mehrheitsbeschluß nachträglich gestrichen worden, weil es das Ergebniß der Versuche allzusehr einschränkt. Für die Beibehaltung des Wortes erklärten sich nur die Herren Dyckerhoff und Dr. Goslich.

weichen. Die Abweichungen der Verhältniß=Kurven der Seewasserproben sind wahrscheinlich auf den chemischen Einfluß des Seewassers auf die Oberflächen der Körper zurückzuführen, die ja in der That anscheinend größere Härte als das Innere aufweisen.

Wenn ein solcher Einfluß vorhanden ist, so muß er sich auf den Mörtel der Zugprobe und Druckprobe gleichmäßig äußern, gleichmäßig tief in die Körper eindringen. Bei dem kleineren Querschnitt der Zugproben wird dann aber ein verhältnißmäßig größerer Theil des Querschnittes beeinflußt als bei den Druckproben. Diese Erscheinung wird deutlicher hervortreten, wenn man Versuche mit geometrisch ähnlichen Körpern verschiedener Größe ausführt.

Da die Spannungsvertheilung im Querschnitt homogener Körper bei sehr kurzer Gebrauchslänge wie im vorliegenden Falle während des Versuchs verschieden ist, an den Kanten stärkere Spannung sich äußert als in der Mitte des Querschnittes, so werden diejenigen Körper die größere Festigkeit aufweisen, die äußerlich am stärksten gehärtet sind.

Die Abweichungen der Seewasser=Kurven der Körper mit Traßzusatz weisen deshalb darauf hin, daß bei diesen Körpern eine von außen nach innen fortschreitende Härtung neben der inneren Erhärtung der Cementmörtel einhergeht, die ausschließlich auf chemische Einflüsse des Meerwassers zurückzuführen ist. Diese Vermuthung müßte durch mikroskopische Prüfungen bestätigt werden.

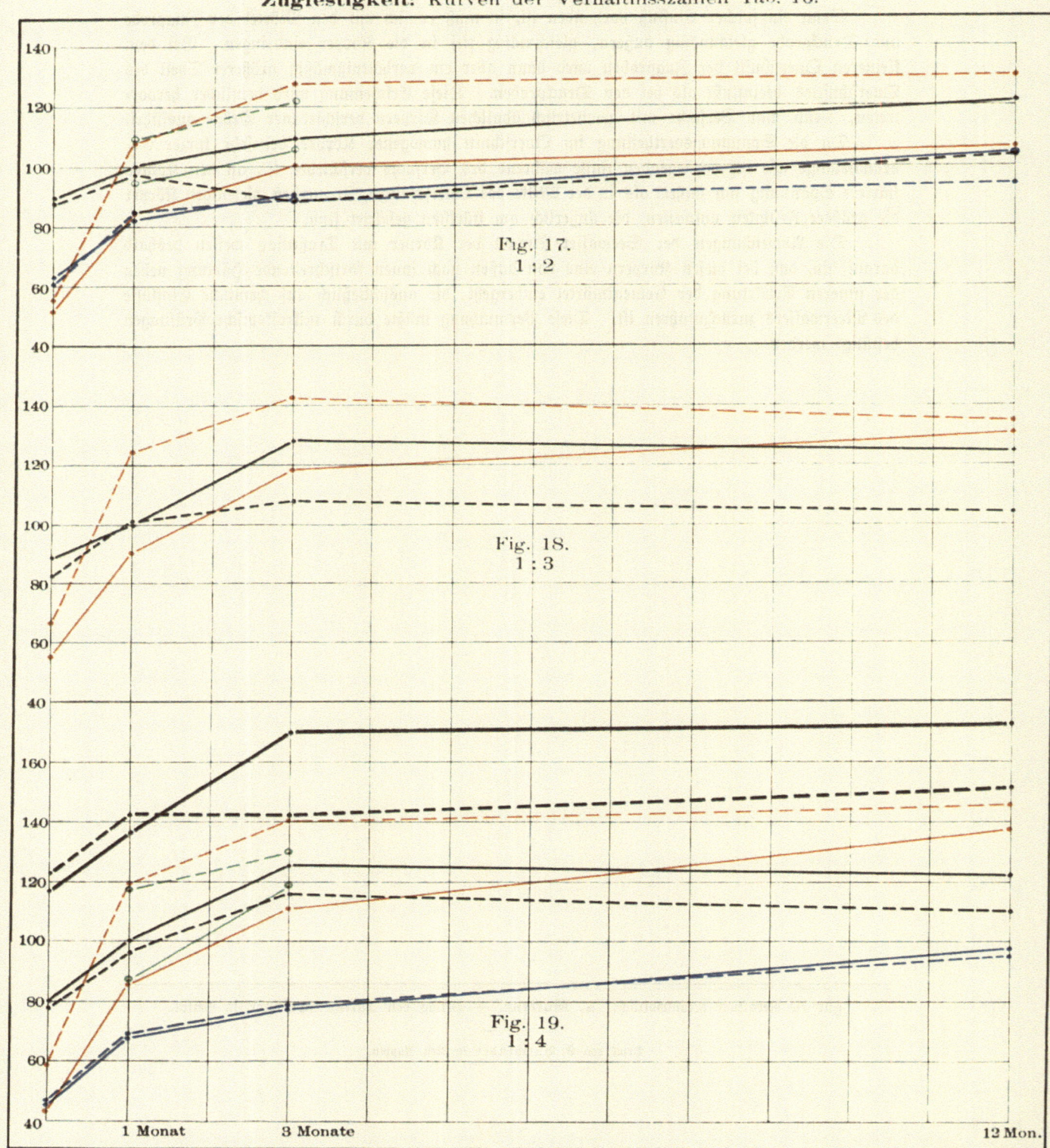

Raumgewichte:

Verhältniss **Zug : Druck** bei fortschreitendem **Alter.**

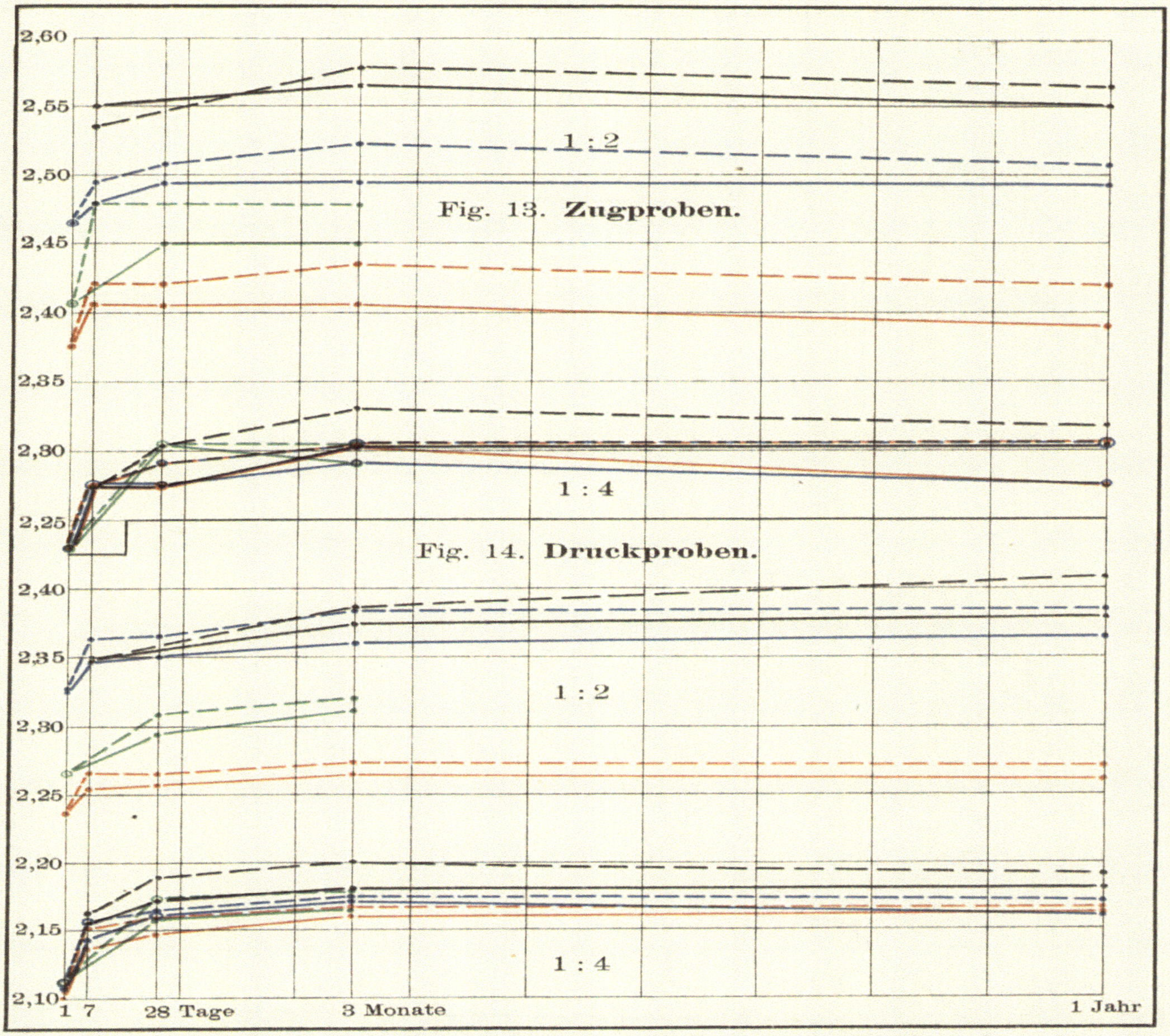

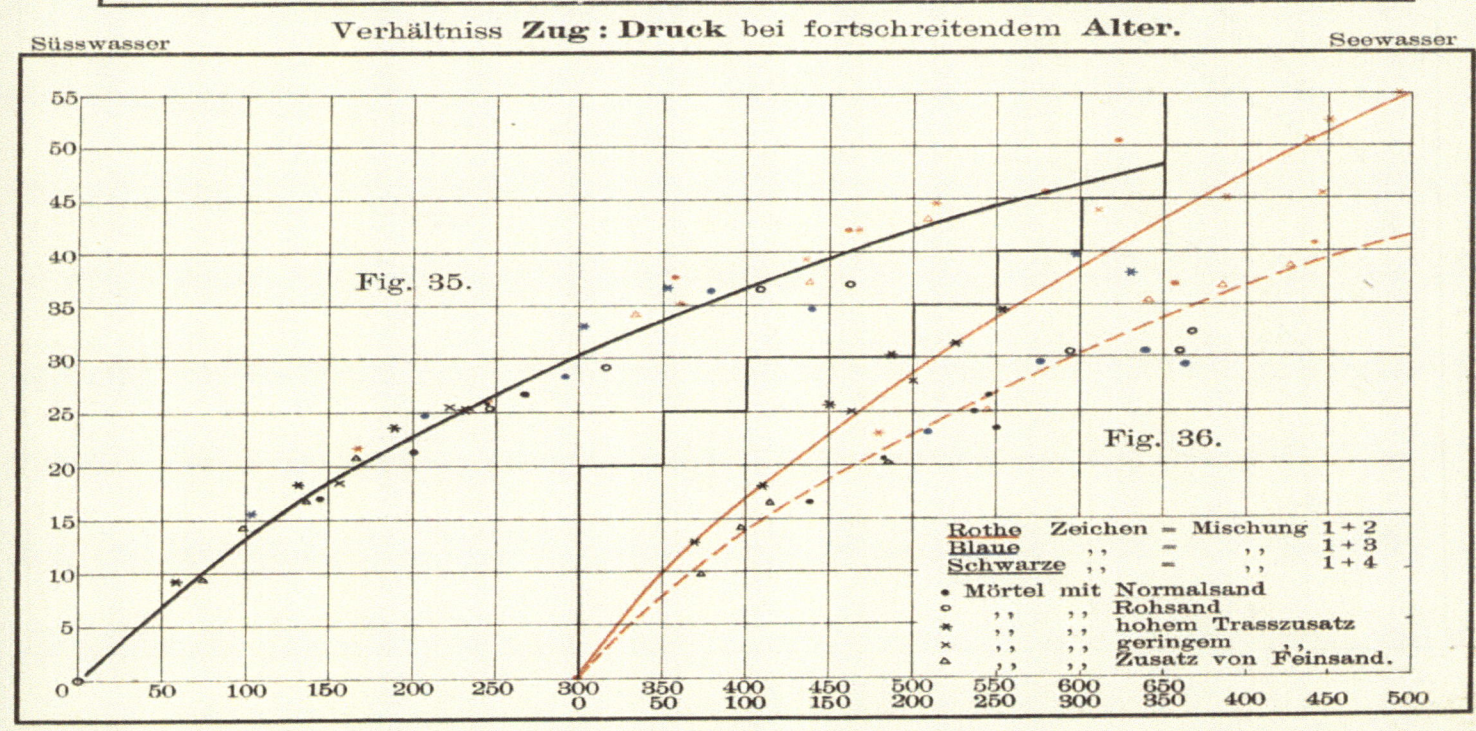

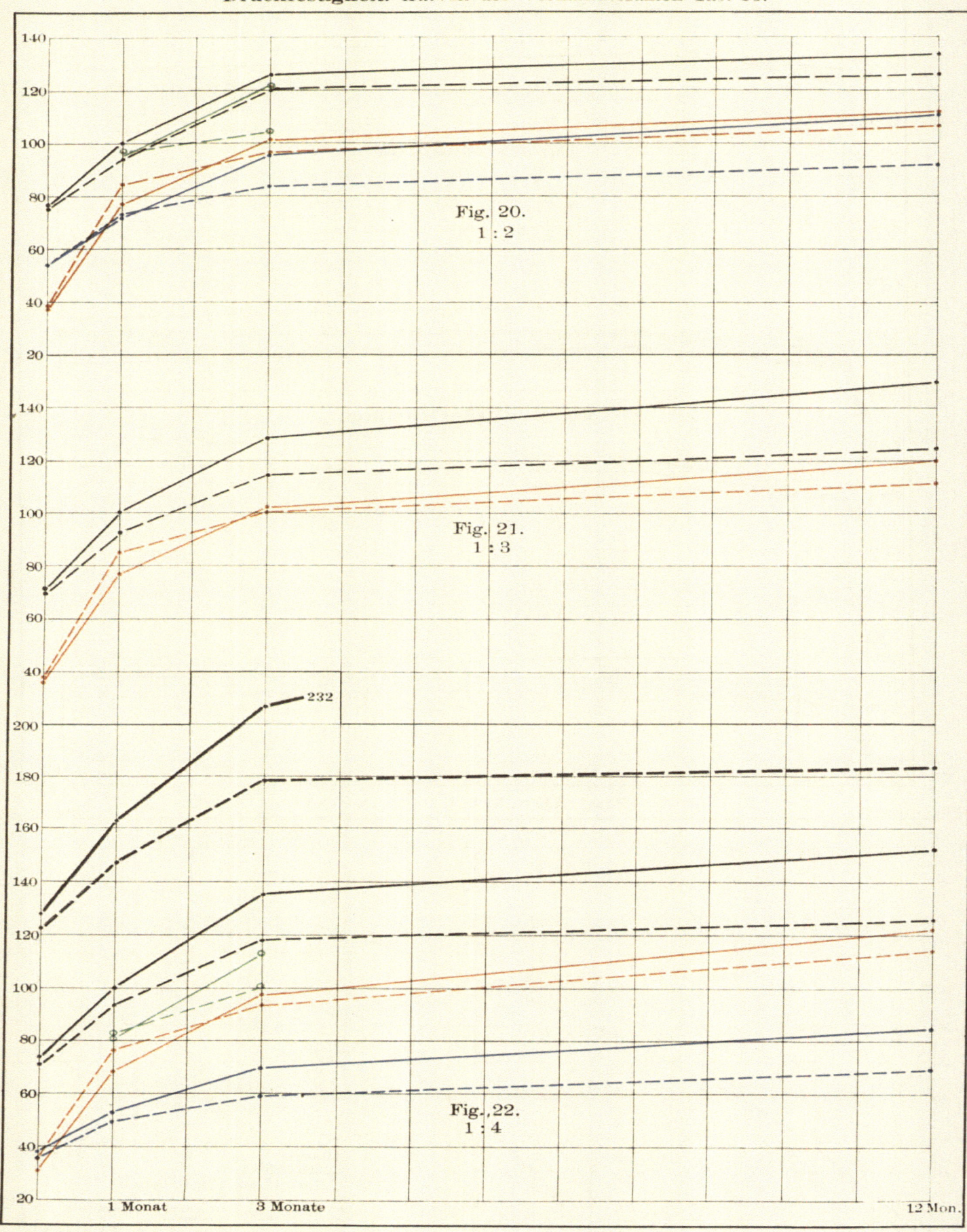

Gary, Bericht über das Verhalten hydraulischer Bindemittel im Seewasser.

Cement D.

Zeichenerklärung zu Fig. 15, 16 u. 23—28.

— Süsswasserproben   ----- Seewasserproben
═══ Bindemittel reiner Cement   ═══ Cement mit Feinsand
═══   ,,   Cement mit höherem Trasszusatz   ═══ mit niederem Trasszusatz.

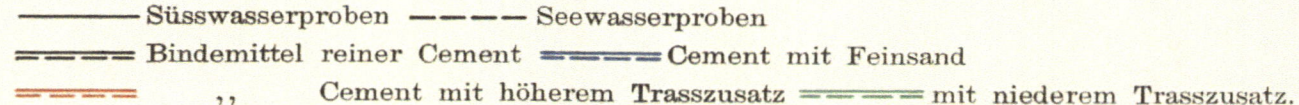

Zugfestigkeit: Kurven der Verhältnisszahlen Tab. 16.

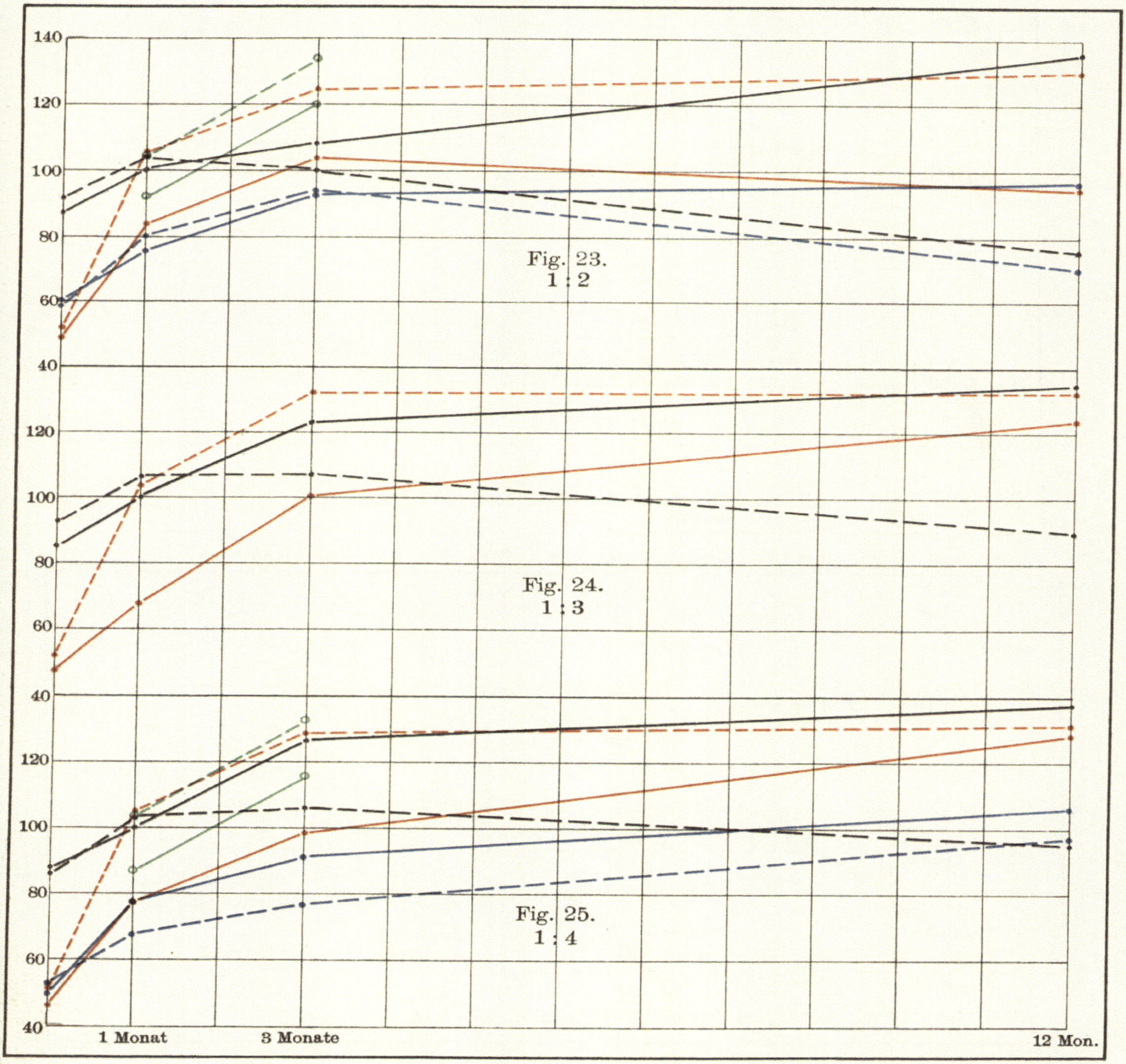

Fig. 23. 1:2

Fig. 24. 1:3

Fig. 25. 1:4

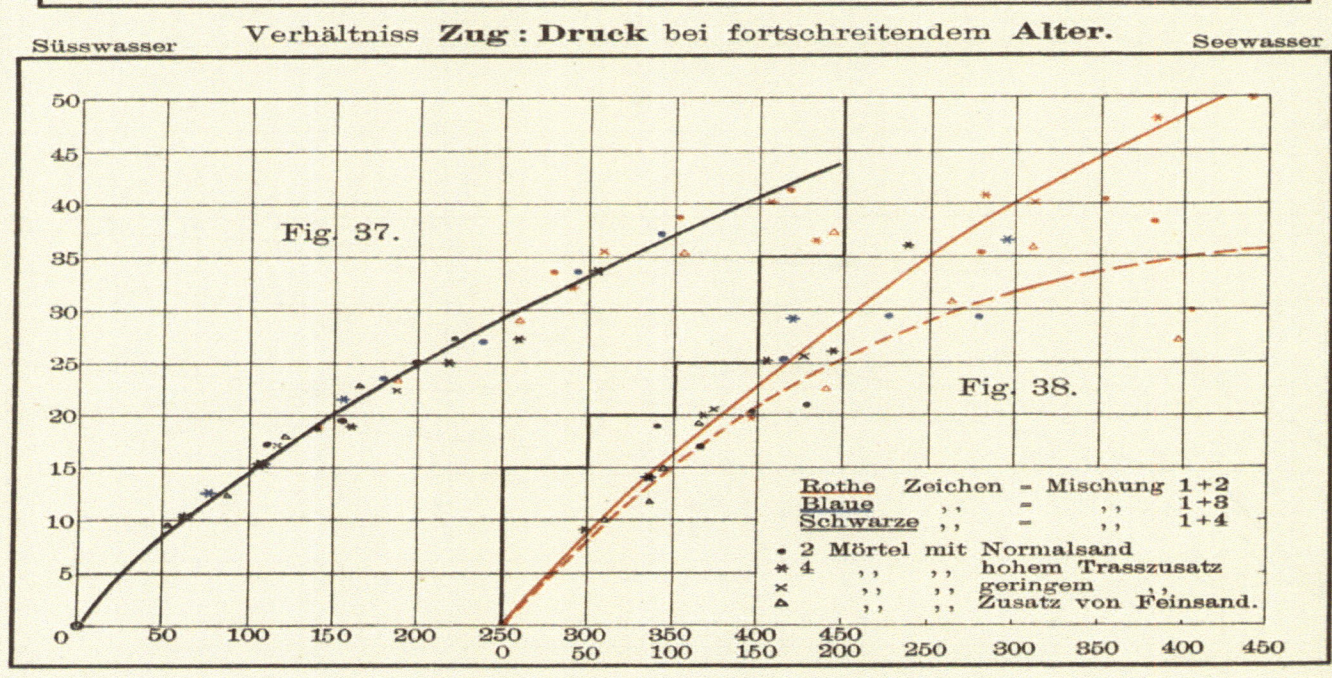

Raumgewichte:

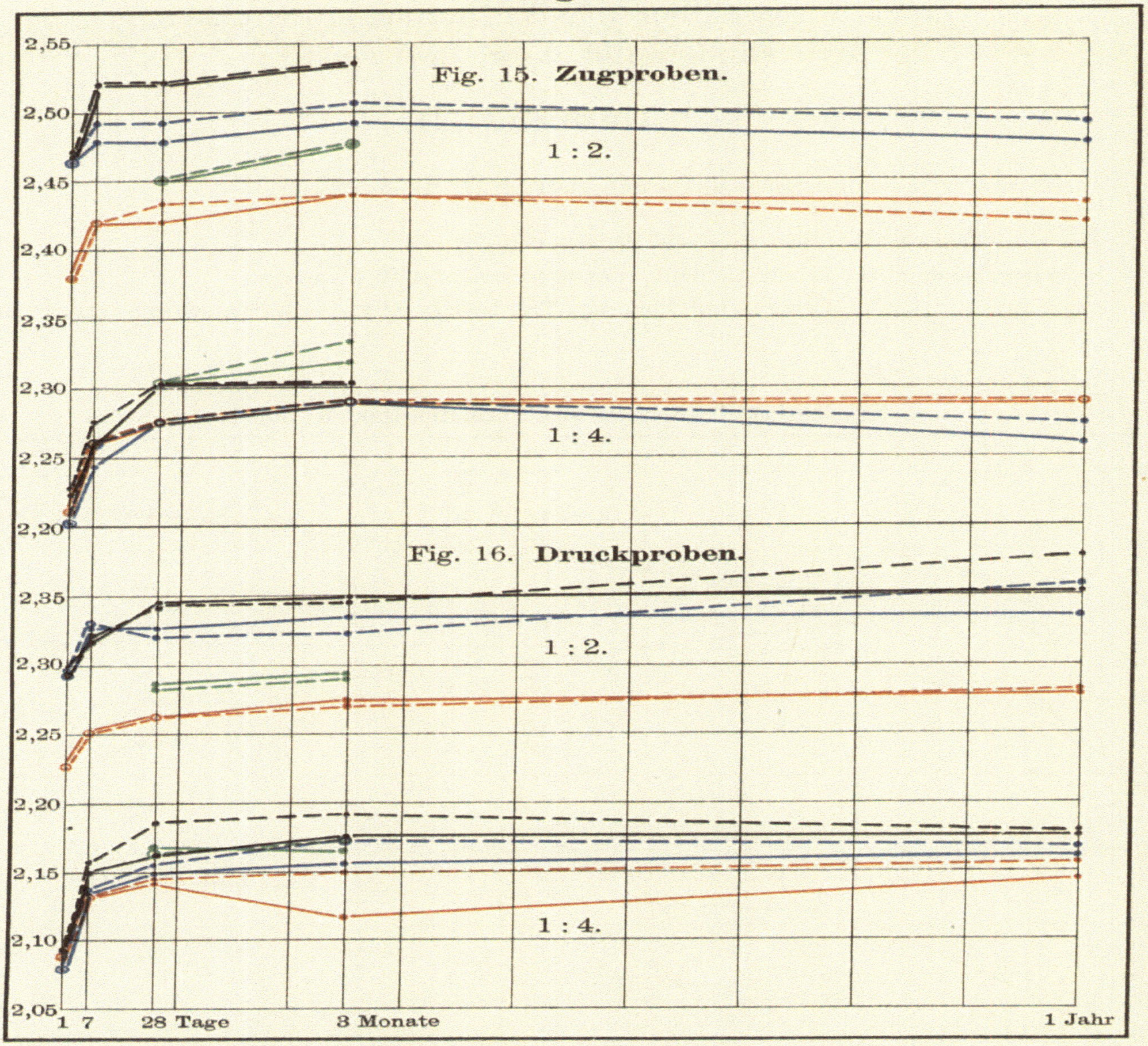

Fig. 15. Zugproben.
1 : 2.
1 : 4.
Fig. 16. Druckproben.
1 : 2.
1 : 4.
2,55
2,50
2,45
2,40
2,35
2,30
2,25
2,20
2,35
2,30
2,25
2,20
2,15
2,10
2,05
1 7 28 Tage 3 Monate 1 Jahr

Süsswasser **Verhältniss Zug : Druck** bei fortschreitendem **Alter.** Seewasser

Fig. 37.
Fig. 38.
Rothe Zeichen = Mischung 1+2
Blaue ,, = ,, 1+3
Schwarze ,, = ,, 1+4
• 2 Mörtel mit Normalsand
✱ 4 ,, ,, hohem Trasszusatz
× ,, ,, geringem ,,
▵ ,, ,, Zusatz von Feinsand.
50
45
40
35
30
25
20
15
10
5
0
50 100 150 200 250 300 350 400 450
0 50 100 150 200 250 300 350 400 450

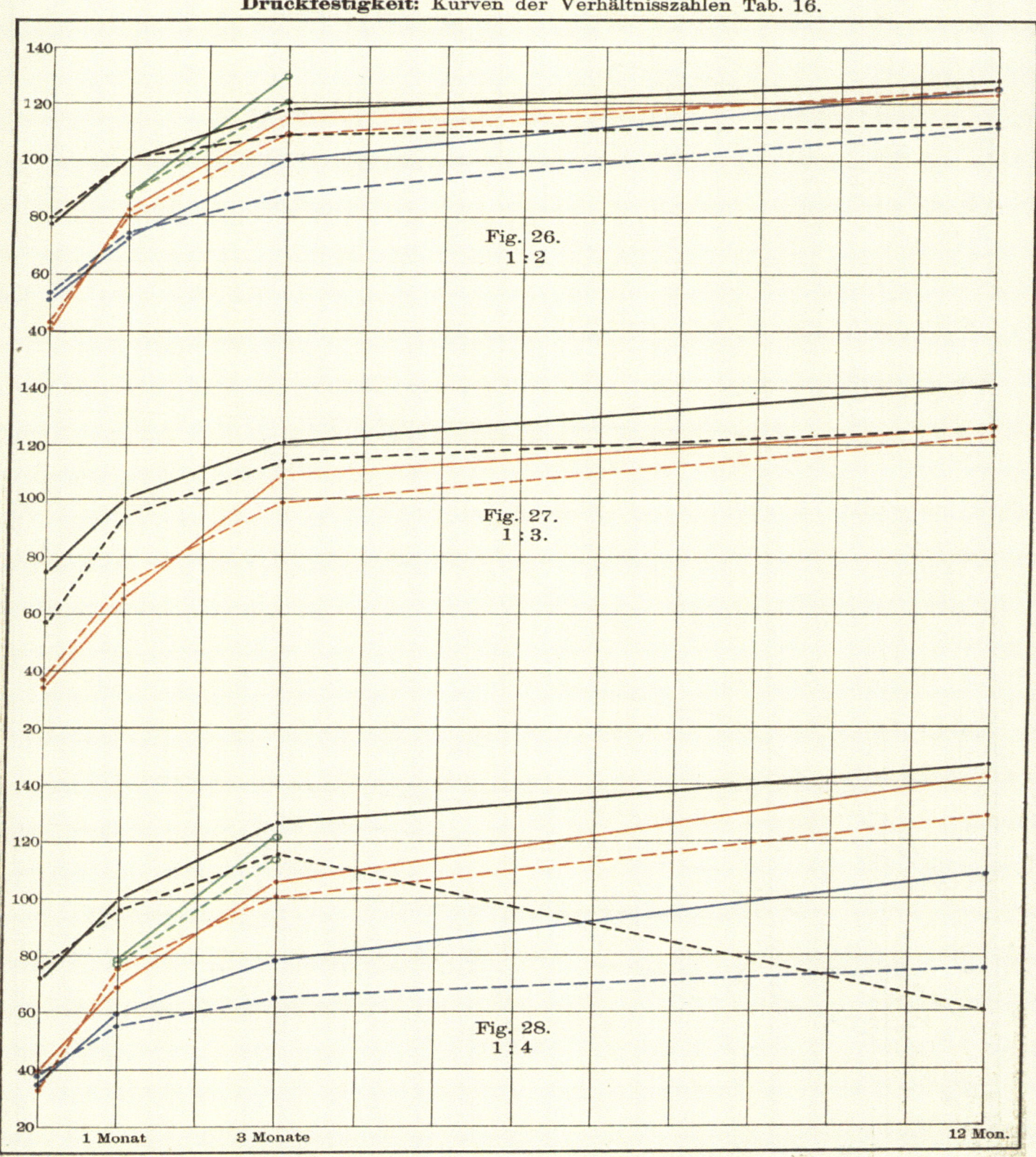

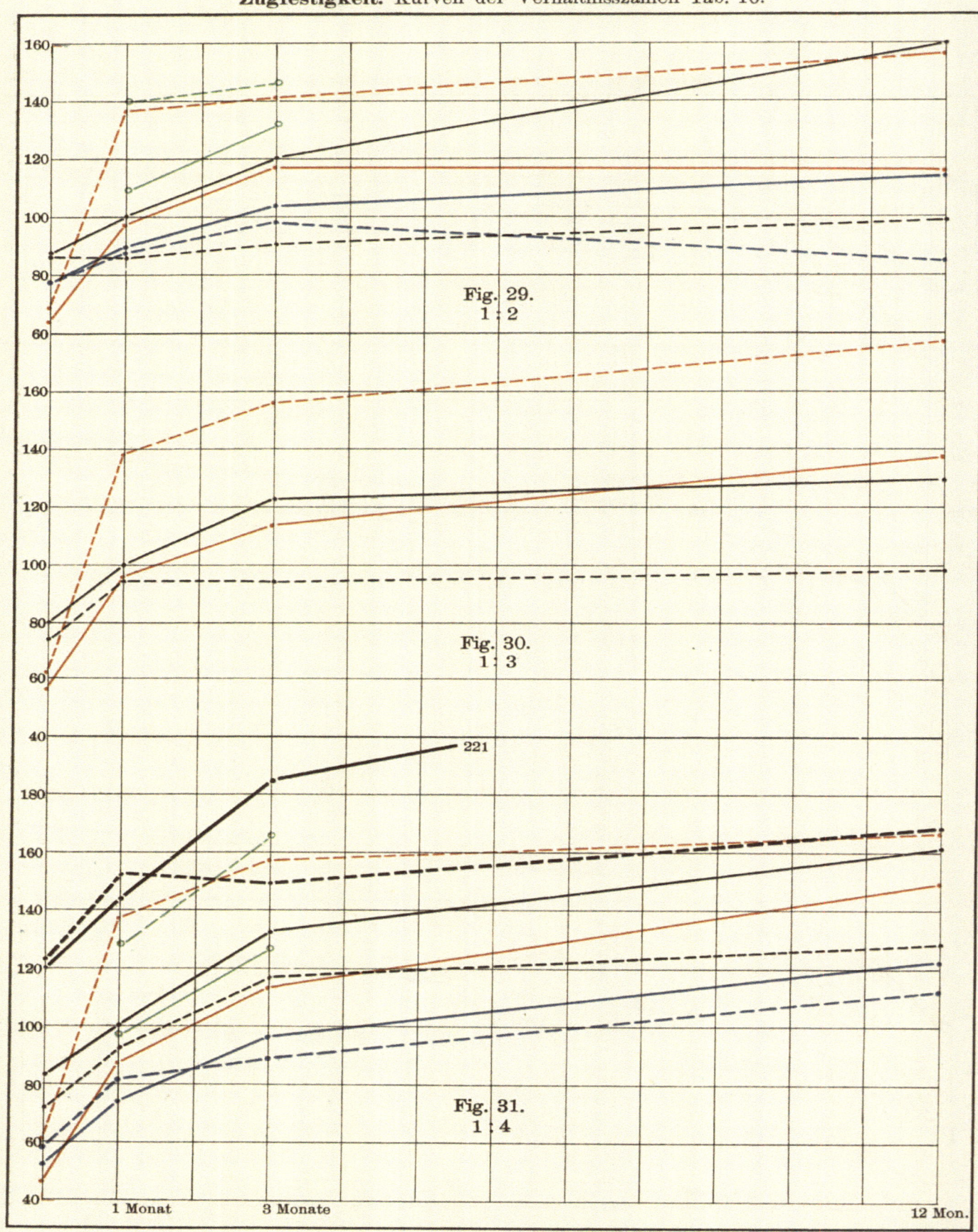
Zugfestigkeit: Kurven der Verhältniszahlen Tab. 16.

Fig. 29. 1 : 2

Fig. 30. 1 : 3

Fig. 31. 1 : 4

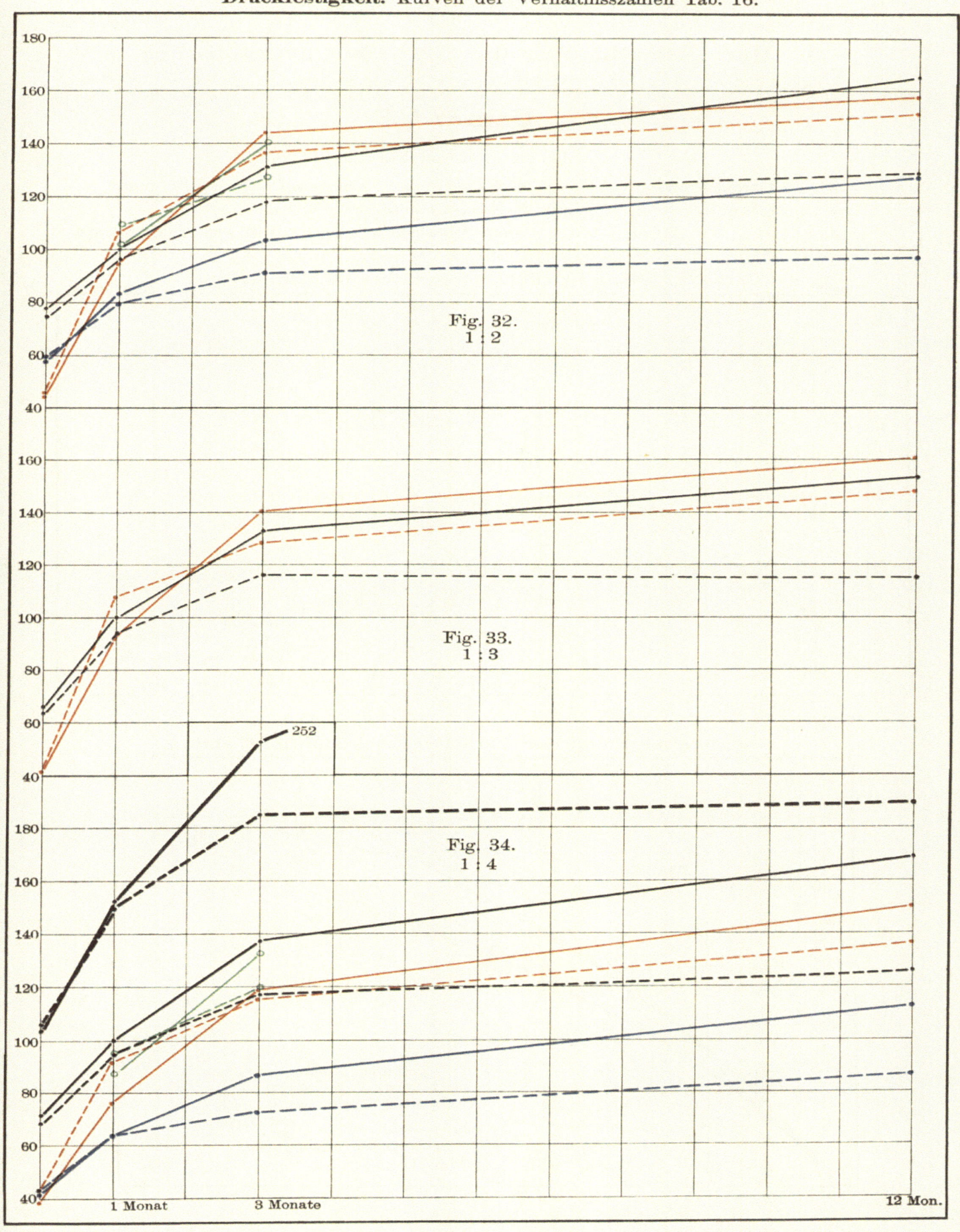

Taf. III.

Gary, Bericht über das Verhalten hydraulischer Bindemittel im Seewasser.
Cement C.

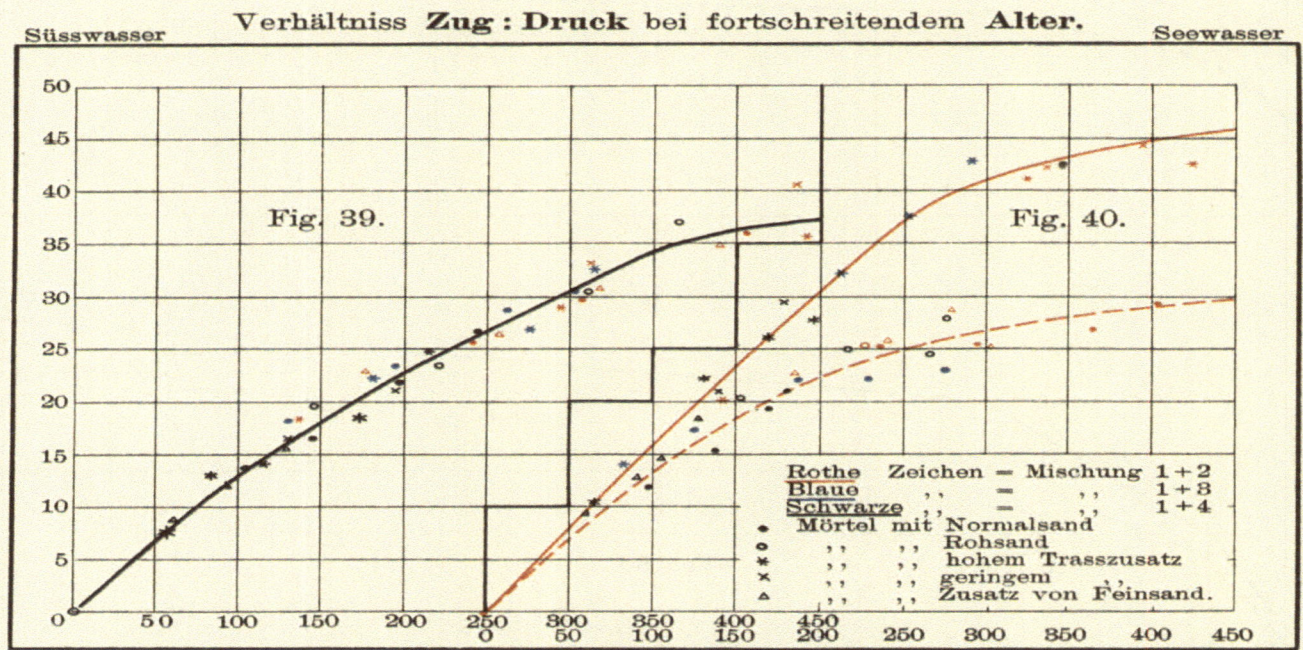

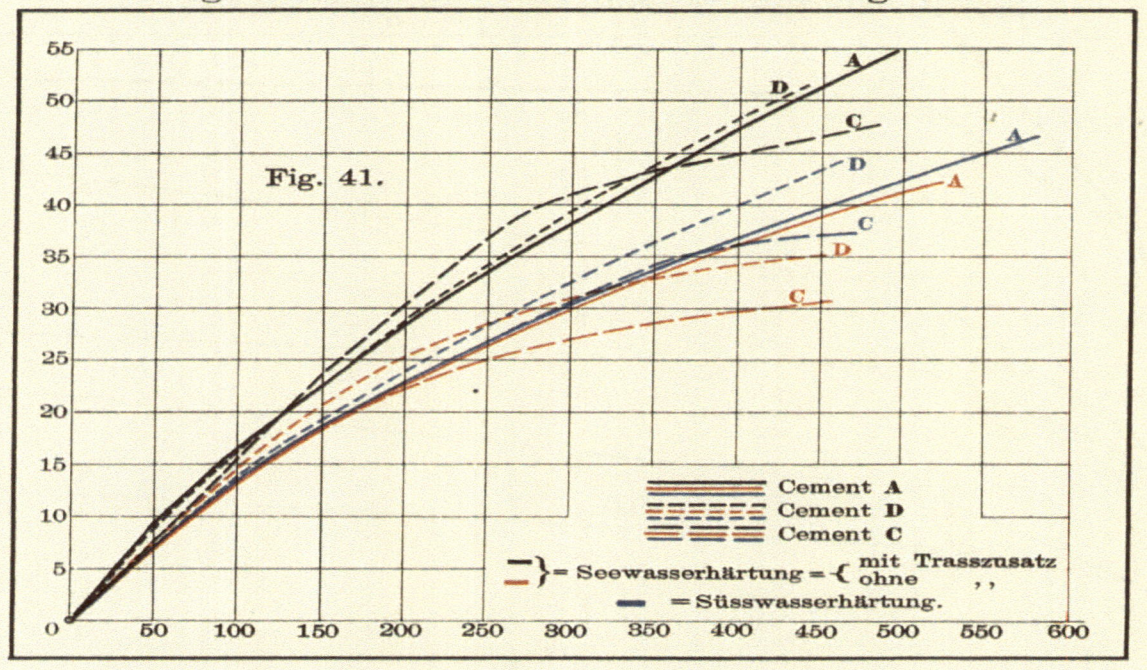

MIX
Papier aus verantwortungsvollen Quellen
Paper from responsible sources
FSC® C105338

If you have any concerns about our products,
you can contact us on
ProductSafety@springernature.com

In case Publisher is established outside the EU,
the EU authorized representative is:
**Springer Nature Customer Service Center GmbH
Europaplatz 3, 69115 Heidelberg, Germany**

Printed by Libri Plureos GmbH
in Hamburg, Germany